盘饰技艺

思 逸 编著

浙江科学技术出版社

图书在版编目（CIP）数据

盘饰技艺 / 思逸编著. —杭州：浙江科学技术
出版社，2017.9
　　ISBN 978-7-5341-7480-3

　　Ⅰ．①盘… Ⅱ．①思… Ⅲ．①食品雕刻－装
饰－技术Ⅳ．①TS972.114

中国版本图书馆CIP数据核字(2017)第034587号

书　　　名	盘饰技艺
编　　　著	思　逸

出 版 发 行　浙江科学技术出版社

　　　　　　杭州市体育场路347号　　邮政编码：310006
　　　　　　办公室电话：0571-85176593
　　　　　　销售部电话：0571-85062597　0571-85058048
　　　　　　E-mail: zkpress@zkpress.com

排　　　版	广东炎焯文化发展有限公司
印　　　刷	杭州富春印务有限公司
经　　　销	全国各地新华书店

开　　本	889×1194　1/16	印　张	12
字　　数	150 000		
版　　次	2017年9月第1版	印　次	2017年9月第1次印刷
书　　号	ISBN 978-7-5341-7480-3	定　价	55.00元

责任编辑　王巧玲　仝　林　　　　**责任美编**　金　晖
责任校对　赵　艳　　　　　　　　**责任印务**　田　文

前言 PREFACE

中国饮食文化源远流长，既讲究菜品的口感——鲜、香、脆、嫩、辣、醇等，又注重菜品的外形——有棱有角、整齐划一、栩栩如生等，特别是注重整体的造型特色。

中国饮食文化讲究的佳境之一，就是品相之好，能引人遐思，因为菜肴的造型美感在烹饪中起着非常关键的作用。而盘饰不但使菜肴更精致，富有美感，最重要的是可以突出菜肴的主题，使菜肴更生动、更具艺术特色。一道色彩单一的河虾，在周围摆上黄瓜制作的围边，立即变得清新悦目；一道平淡无奇的蒜香排骨，排骨切得有棱有形，周边装饰得像模像样，真是色、香、味、形俱佳；一道普通的小炒，只要在盘子边沿放上由鸡蛋切雕而成的小白兔，就能让人觉得可爱至极……

本书不仅详细介绍了盘饰制作的基础知识，包括常用食材、工具、技法及制作要点等，还根据盘饰类别（植物类、动物类、其他类）分别列举了多款作品实例，每款作品实例均有文字讲解及过程图解，实用性、可操作性强。全书共呈现了约180款作品，这些作品吸纳了东西方的盘饰元素，使用了果蔬切雕、插花、盘绘、糖艺等技艺，使普通的瓜果蔬菜等原料变成了玲珑剔透、栩栩如生的动植物或其他造型。优雅的名称，独特的造型，足以提高菜肴品位，增添生活情趣。用厨房里常见的食材和工具，为菜肴添加盘饰，可以为美食增色添彩，为聚会烘托气氛。只要您用心学习，本书定是您的良师益友。

本书非常适合烹饪院校师生、厨师及烹饪爱好者等人群使用。

目录
CONTENTS

PART 3

盘饰创意设计

PART 4
盘饰造型与欣赏

PART 1
盘饰基础

盘饰制作要点

　　菜品的盘饰是果蔬雕刻最主要的应用形式。不管是中式还是西式的菜肴，在送上顾客的餐桌前，都常以围边、碟头摆件作为装饰，不仅增添了菜肴的色彩，提高了菜肴的档次，使菜肴外秀内美，还赋予其浪漫的寓意，使其成为餐桌上的美丽点缀。

　　耗材少，制作简单，使用效果立竿见影，这就是盘饰围边的魅力所在。盘饰的原料以果蔬切雕为主，简单的平面切花、半立体的切雕、立体的切雕等，都可应用于盘饰中。

　　菜肴盘饰的使用比较灵活，有单独使用围边的，有单独使用碟头摆件的，也有两者一起使用的，但不管是哪种方式，都应遵照一些基本的原则，这些原则可以简单地总结为"二宜二忌"。

一宜：色彩和菜肴互补

　　碟头装饰拼摆之前，要对菜肴成品有所了解，比如以西蓝花为主料的菜肴，因其主调是绿色，其碟头装饰就应选择以橙子、西红柿等为主的拼摆材料，若以黄瓜装饰，其色泽就"撞车"了；再比如咕噜肉，菜肴色泽红里透黄，其碟头装饰就应选择以黄瓜为主的拼摆材料。

二宜：主题和菜肴、宴席一致

　　不同的菜肴所搭配的碟头装饰应有所区别。如海鲜类的菜肴，配上水族造型会比较生动（当然这类造型不一定要立体的，平面切雕也是可以的）；而在寿宴的相关菜肴中，摆入寿桃、鹤等造型作点缀，则会有点睛之妙。

一忌：刀工不整

　　碟头装饰制作，简、繁均可，但其前提是要刀工利索、整洁，否则会适得其反。

二忌：喧宾夺主

　　碟头装饰拼摆时，需注重整个布局的协调感。虽然拼摆的造型方式各不相同，但请切记任何碟头装饰均不可超过碟面的 1/3，以免喧宾夺主，抢了主菜的风采。

常用食材

碟头切雕制作通常以瓜果和植物的根茎作为材料，其品种和大小没有严格的要求，不必墨守成规，厨房中的很多烹饪原料都可灵活应用。下面列举一些最为常用的切雕素材，以供大家参考。

		彩椒、红尖椒
火龙果	西红柿	蛇果
猕猴桃	柠檬	圣女果
黄瓜	红、绿樱桃	洋葱

3

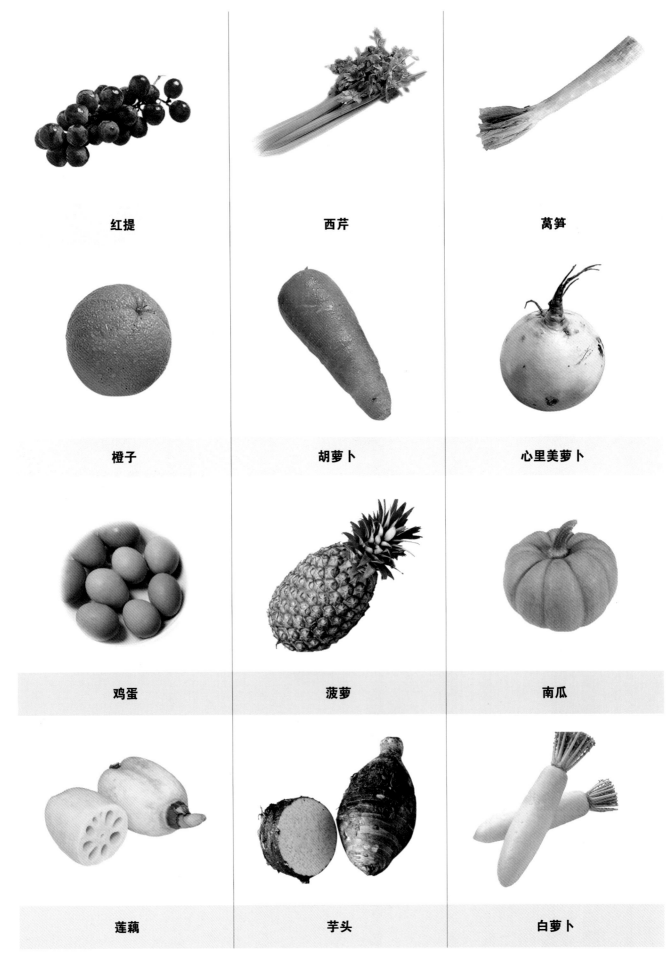

红提	西芹	莴笋
橙子	胡萝卜	心里美萝卜
鸡蛋	菠萝	南瓜
莲藕	芋头	白萝卜

常用工具

刀具

　　果蔬雕刻的工具可在市场上买整套的，也可根据个人需要自行设计。下面就给大家介绍几种常见的基本刀具：

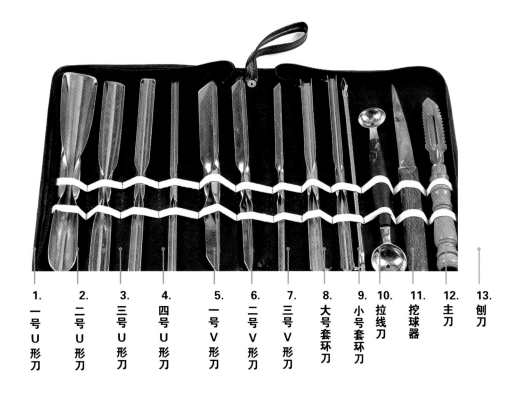

1. 一号U形刀
2. 二号U形刀
3. 三号U形刀
4. 四号U形刀
5. 一号V形刀
6. 二号V形刀
7. 三号V形刀
8. 大号套环刀
9. 小号套环刀
10. 拉线刀
11. 挖球器
12. 主刀
13. 刨刀

1~4.U形刀

　　U形刀又名圆口刀，有多种型号。它的刀口呈半圆形，长15～20厘米，两头都可使用，是戳刻鸟羽、鱼鳞、龙甲、服饰线条等的专用工具。

5~7.V形刀

　　V形刀又名尖口刀，与U形刀一样，有多种型号，主要用于雕刻花瓣、鸟羽、装饰纹、线条等。

8~9.套环刀

　　套环刀主要用于挑瓜灯的套环及刻划线条。

10.拉线刀

　　拉线刀主要用于凹纹字和琼脂的雕刻。

11.挖球器

　　挖球器的作用是挖球和挖去原料的瓤。

12.主刀

　　主刀又名尖刀，是使用率最高的刀具。它有着像剑一样的单边刃口，是切削毛坯、雕刻花瓣、去除余料、镂空造型、雕琢细节等工艺必不可少的刀具。

13.刨刀

　　刨刀是用来去皮的工具。

模具

　　模具主要用来制作料头花。使用模具是制作料头花最简易的方法，不仅适合刚入行的厨师，也适合烹饪爱好者使用。料头花是指以胡萝卜、生姜、火腿等为原料，用刀具或模具切出的平面造型，它既可作菜肴的配料，也可用于装饰菜肴，制作出别致的菜肴围边图案。

　　用模具制作料头花具有耗材少、快速、易学的特点，其造型以简洁为美，同时要求大小适中。制作料头花时运刀要平稳，下刀要准确，切片时厚薄一致，以免成品形状不一。

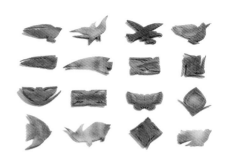

使·用·方·法

1. 将胡萝卜切成厚片，然后将模具放在上面（图1）。
2. 用模具压出图案（图2）。
3. 将胡萝卜从模具里取出，然后切成片（图3、图4）。
4. 胶水用于粘接盘饰小部件（图5）。

图1

图2

图3

图4

图5

运刀技法

　　雕刻的运刀手法是指雕刻时持刀的姿势。虽然雕刻工具繁多，但在实际雕刻中，我们常以横握、直握、笔握三种运刀手法，再借助削、片、旋、戳、刻、挖、划等各种刀法，就可以雕刻出形形色色的作品。

横握

　　右手四指横握刀柄，拇指贴于刀刃内侧，雕刻时左手拿原料，右手拇指按在原料上，四指上下运动，主要用于雕刻一些花朵和物体的基本形状（图1、图2）。

直握

　　四指直握刀柄，拇指紧贴刀刃后侧，运刀时刀具左右移动，一般用于雕刻物体的初胚和轮廓（图3、图4）。

笔握

　　握刀姿势如握笔，运刀时上下左右移动，主要用来雕刻物体的细部及各种纹路（图5、图6）。

图1　　　　　　　　　　　图2　　　　　　　　　　　图3

图4　　　　　　　　　　　图5　　　　　　　　　　　图6

食材形态切法

块 块主要运用直刀法中的切（无骨原料）、劈（带骨原料）这两种刀法成形。在加工时，如果原料自身形态较小，可根据自然的形态直接加工成块；如果原料是整件或形态特别大的，可以先加工成大小相近的段或条，再根据所需的规格加工成块。

块的规格

块的规格主要有大、小两种。大块的规格是长5厘米左右，宽度在4厘米左右，厚1厘米左右；小块的长和宽与大块相同，厚0.6厘米左右：这两种是长方形块。如果是正方形块，大块的边长是4厘米，小块的边长是2.5厘米。此外，还有劈柴块、菱形块、滚料块等。

块的切法

长方形块：根据原料的性能和形态，采用切或劈的刀法，先按规定的长度加工成条或段，然后再将原料转一个角度，按规定的宽度加工成块，如果厚度过厚，需再按规定的厚度加工。该切法主要应用于蟹、肉块、鱼块等原料的加工。

正方形块：根据原料的性能和形态，采用切或劈的刀法，先按规定的长度加工成条、段，然后将原料转一个角度，按原来的长度加工成块。该切法主要应用于鸡块、鸭块、咸肉、方腿肉等原料的加工。

劈柴块：先用刀面将原料的纤维用力拍松，然后用切长方形块的方法将原料加工成长短、厚薄、大小不一的块形。这种块形的特点是：在烹调时易入味、易煮熟。该切法主要应用于纤维组织较多的茎菜类蔬菜，如冬笋、毛笋、茭白等的加工。

菱形块：先用刀将原料按规定的宽度切或劈成宽条，然后将宽条按左右方向横放，刀刃紧贴着原料，将刀面向左转，与原料的顶端呈45°，将原料切断或劈断，加工第二刀后，呈菱形块。该切法主要应用于鱿鱼、墨鱼、咸肉等原料的加工。

滚料块：将原料放平后，右手执刀，切下原料，每切一刀，就将原料滚动一次。该切法主要应用于香肠、茄子、土豆、茭白、冬笋、莴笋、西红柿等原料的加工。

切·块·实·例·示·范

1. 先把胡萝卜切成条（图1）。
2. 再用直刀法将胡萝卜切成块（图2）。
3. 或直接将胡萝卜滚切成块（图3）。

图1

图2

图3

| 段 | | 段主要用直刀法中的切或劈的刀法加工成形。 |

段的规格

段的规格主要有大、小两种。大段的规格是长5厘米，原料自身的宽为2.5厘米左右；小段的规格是长4厘米，原料自身的宽为1.5厘米左右。大段一般用于加工明虾、大黄鳝、茭白、竹笋、黄瓜、河鳗、海鳗、香肠、茄子（粗）、丝瓜等。小段一般用于加工豇豆、刀豆、小黄鳝、茄子（细）、青菜等。

切·段·实·例·示·范

1. 豆角用直刀法切成段（图1）。
2. 葱用直刀法切成段（图2）。

图1

图2

| 条与丝 | | 条与丝的形态相似，只是粗细不同，略有长短之分，适用于无骨的动物性原料及植物性原料的加工。有的原料其厚薄符合条与丝的粗细规格，可直接用直切、推切、拉切的刀法切成条与丝。但大多原料必须先运用平刀法切成薄片或厚片，再切成条或丝。 |

条与丝的规格

粗条的规格为4.5厘米×1.2厘米×1.2厘米，用于加工猪肉、鱼肉、蹄筋、海参、鸡肉、方腿、去皮红肠等。

细条的规格为4厘米×1厘米×1厘米，用于加工茭白、茄子、土豆、冬笋、毛笋等。

粗丝的规格为6厘米×0.5厘米×0.5厘米，用于加工猪肉、牛肉、羊肉、鱼肉、鳝肉等。

细丝的规格为5厘米×0.3厘米×0.3厘米，主要用于加工鸡肉、菜梗、土豆、茭白、黄瓜、百叶、海蜇等。

另外还有一种特殊的丝，其规格为5厘米×0.1厘米×0.1厘米，如姜丝、豆腐丝、豆腐干丝、蛋皮丝、菜松等。

图1

图2

切·条·实·例·示·范

1. 先将原料切成长方形块（图1）。
2. 然后把原料切成厚片（图2）。
3. 最后把原料用直刀法切成粗条（图3）。

图3

丝的切法

瓦楞形叠法

瓦楞形叠法是将切好的薄片，一片一片依次排叠成斜坡形状，每隔 1 厘米排一片，最多不要超过 10 片。

这种叠法的优点是：在切的过程中原料不会倒塌下来，适用于韧性强、容易滑动和质地细嫩的原料，如猪肉、牛肉、羊肉、鸡肉、草鱼肉、方腿、豆腐、海参、墨鱼、鱿鱼、鳝鱼等。

砌砖形叠法

砌砖形叠法是将切好的薄片，一片一片整齐叠起来。这种叠法的优点是丝的长短和粗细整齐均匀，但在切到最后左手无法扶稳原料时，容易倒塌，所以原料不要叠得过高，一般排叠的高度为 3 厘米左右。

这种排叠方法适用于脆性和不黏的软嫩性原料，如土豆、冬笋、豆腐干、厚百叶、萝卜、素鸡、茭白、藕、方腿等。

卷筒形叠法

卷筒形叠法是将质地较嫩、体形大而薄的原料，一片一片放平排叠起来（一般叠 3 层左右），然后卷成筒状，根据原料的特征，采用相应的刀法切丝。如果加工后的丝太长，可以按 6 厘米长的规格横切数刀，就会比较整齐了。

切丝的注意事项

丝是食材基本形态中最精细的一种，加工技术难度高，要使加工后的丝粗细均匀，长短一致，不连刀，无碎粒，必须掌握几个操作要点：

第一，首先将原料切成长短一致的块或段，然后再加工成薄片。切片时，成品一定要厚薄均匀，这样最后切出来的丝才会符合规格。

第二，根据各种原料的特性，采用相应的排叠方法，并且注意排叠的高度不要超过 3 厘米。运用瓦楞形叠法时，各片之间间隔的距离要保持一致；运用砌砖形叠法时，要保持片片整齐；运用卷筒形叠法时，一定要将原料卷紧。

第三，用左手按原料时一定要按稳，稍有移动，排叠的原料就会受到影响，严重的会使刀面失去控制而切伤手指。

第四，肉类原料要根据肌肉的纤维纹路切。牛肉肉质（即纤维组织）老，筋（即结缔组织）多，为了便于咀嚼，最好是横着肌肉的纤维纹路切丝，切断纤维。猪肉的肉质比较嫩，筋也少，为了便于咀嚼，防止成熟后碎烂，最好顺着肌肉的纤维纹路切丝。鱼肉的肌肉纤维呈蒜瓣状的短丝，烹调成熟前韧性足、凝固性强，烹调成熟后肌肉纤维极其松软，稍有不慎，就会碎烂，通常要顺着鱼体的长度取段、批片、切丝，而且要求比一般丝的规格稍粗一点。

切·丝·实·例·示·范

1. 把原料切成厚薄一致的大片（图 1）。
2. 将片码整齐，素菜可用直刀法加工成丝，肉类则可用斜刀法加工成丝（图 2）。

图 1

图 2

片

质地脆嫩的原料可以采用直切或反刀批的刀法加工成片；质地较软的原料可以采用推切和推刀批的刀法加工成片；质地较韧的原料可以采用拉切、拉刀批和正刀批的刀法加工成片；质地坚硬或冷冻的原料可以采用锯切的刀法加工成片；圆柱形的脆性、软性、嫩性原料，可以采用滚料切的刀法加工成片。

有些原料的宽度基本上符合切片的规格，可以采用相应的刀法直接切片，如土豆、马蹄（荸荠）、茭白、莴笋、竹笋、黄瓜、香肠、青辣椒、茄子、丝瓜等。有些原料太大或太宽，不符合片的规格，必须先加工成宽条或段，再采用相应的刀法切片，如猪肉、牛肉、羊肉、鸡肉、鱼肉、毛笋、火腿等。

动物性原料在切片之前，要先去皮、去筋、去骨，以防止原料粘连、滑动而带动工具移动，导致切伤手指，或者是原料的骨骼撞击刀刃，造成缺口。

片的规格

片的规格主要有大厚片、大薄片、小厚片、小薄片四种规格。大厚片的规格为5厘米×3.5厘米×0.2厘米，大薄片的规格为5厘米×3.5厘米×0.1厘米，小厚片的规格为4厘米×3厘米×0.2厘米，小薄片的规格为4厘米×3厘米×0.1厘米。

常用的片形有柳叶片、菱形片、月牙片、长方片、梳子片、指甲片。

柳叶片

菱形片

月牙片

长方片

梳子片

指甲片

切片的注意事项

切片的操作难度较高，为了保证成品厚薄一致、大小相等、形态相同，要求操作时做到以下几点：

第一，无论采用切或批的刀法，都要保持力度一致，持刀要平稳。切的时候，要保持刀刃垂直；批的时候，要保持刀面与砧板面平行。

第二，左手按原料要稳，用力要适中，用力过大会使刀刃无法推切原料，用力过小容易使原料滑动。

第三，切或批时，要随时保持砧板的平整、干净、清洁，无黏附物，无污秽物。

第四，刀具要保持锋利及干净清爽，这样可以使加工出来的片形清爽利落，不粘连。

切·片·实·例·示·范

首先把原料摆放整齐，如果是胡萝卜或相似原料，可用直刀法切片；如果是瘦肉等，可用平刀法切片。

丁

丁是用直刀法的直切、推切、拉切成形的。适宜切丁的原料有各种韧性的肉类、脆性的新鲜蔬菜、软性的豆制品以及煮熟的肉类和蔬菜等。加工的过程是：先将原料加工成规格要求的厚块或片，再按规格加工成条或段，最后加工成丁。

丁的规格

正方形丁的规格有 3 种：大丁的规格为 1.5 厘米 ×1.5 厘米 ×1.5 厘米，中丁的规格为 1.2 厘米 ×1.2 厘米 ×1.2 厘米，小丁的规格为 0.8 厘米 ×0.8 厘米 ×0.8 厘米。

此外，还有骰子丁、橄榄丁、菱角丁等形态。

切·丁·实·例·示·范

1. 先把不同形状的原料切成厚片（图 1）。
2. 再把原料切成条（图 2）。
3. 最后横切成丁（图 3）。

图 1

图 2

图 3

 粒

粒又名米，它比丁更加细小。通常需将原料先加工成粗丝，然后再切成粒。这种方法主要用于无骨原料的加工，如加工成鸡米、鱼米、牛肉米、笋粒、青辣椒粒、胡萝卜粒、豆腐干粒等。

粒的规格

粒的规格一般为 0.5 厘米 ×0.5 厘米 ×0.5 厘米。

切·粒·实·例·示·范

1. 先把原料改成长片（图 1）。
2. 然后用直刀法改成粗丝（图 2）。
3. 最后把丝横切成粒（图 3）。

图 1

图 2

图 3

末

末比米更加细小。通常先将原料加工成细丝，然后再加工成末。若成品粗细、大小不均匀，可以用排斩的刀法进一步加工。这种切法主要用于无骨原料的加工，如加工成菜末、鸡肉末、蛋白末、蛋黄末、胡萝卜末、海米末、花生米末、核桃仁末等。

末的规格

末的规格一般为0.3厘米×0.3厘米×0.3厘米。

切·末·实·例·示·范

1. 如果原料是胡萝卜等蔬菜类原料,应先去皮(图1)。
2. 然后将原料切成厚片（图2）。
3. 再将片改切成丝（图3）。
4. 最后加工成末（图4）。

图2

图1

图3

图4

蓉和泥

蓉和泥用直刀法中的摇切和排斩的刀法加工成形，常用于制馅、制丸。

动物性原料在排斩之前，要先除去皮、骨、筋等。植物性原料如土豆、青菜、山药、白萝卜、胡萝卜、豆腐干等，一般要先经过初步熟处理（如焯水）后再斩。为了将原料斩得细一些，可以先将原料切成粒状以后再斩。鱼肉、蟹肉、虾仁、鸡肉等缺乏黏性，为了保证丸或馅有韧劲，在斩成蓉或泥时，可以掺入一定量的猪肥膘(鸡肉中可掺入30%的肥膘，鱼肉、虾仁、猪肉、牛肉、蟹肉中可掺入40%的肥膘)。虾、蟹、鸡、鱼这几种原料的肌肉纤维细嫩，质地松软，加工时可以先用刀背拍松，抽去暗筋，然后用刀刃排斩，这样可以加快操作的速度。加工土豆、山药、芋头等原料前，先用水煮熟，剥去外皮，然后用刀面用力按压成泥状。

切·蓉·和·泥·实·例·示·范

1. 先将材料去皮、切片（图1）。
2. 然后将片改成粒（图2）。
3. 最后用刀将粒排斩成蓉或泥（图3）。

图1

图2

图3

基本摆件示例

黄瓜分青色和黄色两种，在菜肴装饰中常用到的是青黄瓜。黄瓜是应用最为广泛的碟边装饰材料，既可以简单地切成片作菜品围边，也可以雕成各种造型作菜肴装饰。

摆件一

1. 先将黄瓜切成小半圆形，然后用直刀法将其切成梳子片（图1）。
2. 每隔六片切一刀（图2）。
3. 用手将黄瓜片推出呈扇形（图3）。

摆件二

1. 先将黄瓜去除头和尾，然后在两边各切去一部分表皮（图1）。
2. 将黄瓜切成薄片，不要切断（图2）。
3. 将黄瓜未切断处用刀片切除（图3）。
4. 用刀和手将黄瓜片推成整齐的条形（图4）。

摆件一

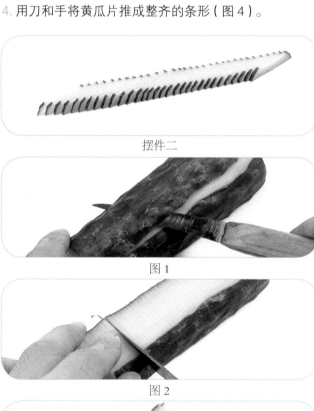

摆件二

图1

图2

图1

图2

图3

图3

图4

摆件三

1. 将黄瓜一切为二,然后切成三片式的梳子形片(图1)。

2. 用手将中间一片卷起夹入内层(图2)。

3. 一片挨一片拼好即可(图3)。

图1

摆件三

图1

图2

图2

图3

图4

图3

图5

摆件四

1. 将黄瓜一切为二(图1)。

2. 将黄瓜斜切120°成梳子片(图2)。

3. 用刀片开一层瓜皮(图3)。

4. 接着再片开一层瓜肉(图4)。

5. 一片一片依次夹入内层即可(图5)。

摆件五

1. 取一小段黄瓜,对半切开(图1)。

2. 将瓜皮用片刀法片至2/3处(图2)。

3. 将黄瓜切成薄片并卷起瓜皮即可(图3)。

摆件五

摆件四

图1

图2

图 3

摆件六

1. 取一段黄瓜，对半切开。用片刀法片去黄瓜皮（图1）。

2. 在黄瓜上面刻3～5条花纹（图2）。

3. 将黄瓜切成薄片，依次排列在碟面上作围边（图3）。

摆件六

图 1

图 2

图 3

摆件七

1. 取一段黄瓜（图1）。

2. 在黄瓜上面刻5条花纹（图2）。

3. 将刻好花纹的黄瓜切成"双飞"片，在中间放半粒圣女果，然后依次排列在碟面作围边（图3）。

摆件七

图 1

图 2

图 3

西红柿摆件

西红柿颜色红艳，是十分夺目的菜肴装饰材料，但其缺点是内有果浆，容易"出水"，所以切雕西红柿造型时，不宜过于繁复，以简单、利索为好。

摆件一

1. 将西红柿一切为二，然后于半个西红柿上面切出大写字形（图1）。

2. 共切出五层（图2）。

3. 用刀将下层西红柿的皮切离，最后摆造型即可（图3）。

摆件一

图 1

图 1

图 2

图 2

图 3

图 3

摆件三

1. 将西红柿一切为二，接着切成小块（图 1）。

2. 将切好的每一块西红柿，用刀把皮的部分片开（图 2）。

3. 在表皮上划出 V 形即可（图 3）。

摆件二

1. 将西红柿一切为二，然后与底部切口平行，用刀将半个西红柿切出五层（图 1）。

2. 掀起最上面一层西红柿，将其余四层西红柿从中间一分为二（图 2）。

3. 用手轻轻推好即可（图 3）。

摆件三

摆件二

图 1

图 2

图 3

摆件四

1. 取一西红柿从尾部下刀，转圈削西红柿皮（图1）。

2. 将西红柿的表皮全部削出（图2）。

3. 将削好的西红柿皮卷成圈（图3）。

4. 卷成鲜艳的花（图4）。

摆件四

图 1

图 2

图 3

图 4

摆件五

1. 在西红柿表面划出五组花瓣线条，然后将花瓣外的皮层削去（图1）。

2. 在每片花瓣中间雕出 V 形花纹（图2）。

3. 用刀将花瓣剥离，并向外翻（图3）。

4. 作品完成。可在西红柿果肉中间挖一刀，再放上樱桃（图4）。

摆件五

图 1

图 2

图 3

图 4

PART 2
盘饰基础技艺

植物

栀子花开

图1

图2

图3

图4

原料：芋头、胡萝卜。

制作详解：

1. 将芋头切成柳叶形的块状（图1）。

2. 将芋头块切成薄片（图2）。

3. 把胡萝卜雕刻成一个圆形的花蕊，

将柳叶片粘在花蕊上（图3）。

4. 柳叶片共粘两层即可（图4）。

淡雅菊花

原料：白萝卜。

制作详解：

1. 将白萝卜切成薄片（图1）。
2. 将白萝卜片放入盐水中泡软，对折后用刀切成梳子形（图2）。
3. 将切好的萝卜片卷起来（图3）。
4. 插入牙签固定（图4），并将制作好的"菊花"放进加有食用色素的水溶液中染色即可。

图1

图2

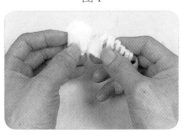

图3

图4

朝颜花

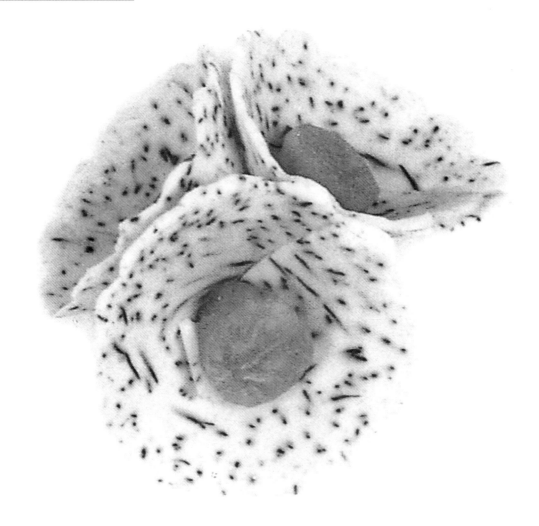

图 1

图 2

图 3

图 4

原料：芋头、胡萝卜。

制作详解：

1. 将芋头加工成圆柱形，在上面切出条纹（图1）。

2. 用雕刻刀在圆柱的平面上旋雕出片状（图2）。

3. 将旋雕好的芋头片用胶水粘成喇叭形（图3）。

4. 在每个喇叭花的里面粘上少许胡萝卜即可（图4）。

缤纷玫瑰

原料：胡萝卜。

1. 将胡萝卜去皮（图1）。

2. 用大刀将其片成薄片（图2），也可用片肉机片出薄片。

3. 将所有萝卜片备好待用（图3）。

4. 取一片萝卜片卷好，穿入牙签固定（图4）。

5. 另取一片萝卜片折起一个角，插在牙签上作花瓣（图5）。

6. 用同样的方法共插6～8片花瓣，花朵便成形了。

图1

图2

图3

图4

图5

图6

郁金香

图 1

图 2

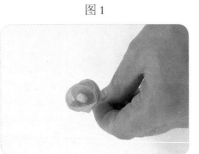

图 3

原料：胡萝卜、白萝卜。

制作详解：

1. 将胡萝卜切成圆柱形，在一侧切一小口（图 1）。

2. 将胡萝卜切成薄片（图 2），再将薄片弯转相叠并用牙签固定，共穿 5 片。

3. 最后在牙签顶尖上插一小粒白萝卜作花蕊即可（图 3）。

尖瓣花

原料：**胡萝卜**。

制作详解：

1. 将胡萝卜切成棱形块（图1）。

2. 在胡萝卜外表面以直刀、斜刀法片出条纹，使边缘呈锯齿状（图2）。

3. 将胡萝卜切成薄片（图3）。

4. 卷起一张薄片，然后插入牙签固定（图4）。

5. 另取一张薄片，对折（图5）。

6. 将对折好的薄片插在牙签上（图6），如此共插4片即可。

图1

图2

图3

图4

图5

图6

凤尾花

原料：提子。

制作详解：

1. 取一粒提子立起来，从提子边落刀，用直刀法于提子一侧平行切4刀，但不能切断（图1）。

2. 切至提子中间时，将其对半切开（图2）。

3. 提起最上面的一片，其余3片从中间切断。

4. 用手使其张开成蟹形花（图4）。

5. 再取另外半粒提子切出"V"字形刀花。

6. 用此方法切出5个小配件，然后逐件摆出凤尾造型。

7. 一粒提子可切出两款造型。

图1

图2

图3

图4

图5

图6

图7

紫罗兰

原料：黄瓜、樱桃。

制作详解：

1. 从黄瓜蒂部切取约 5 厘米长的段，在四周刻出四个平面（图 1）。

2. 刻出第一层花瓣（图 2）。

3. 用旋刀法削去一层废料（图 3）。

4. 刻出第二层花瓣（图 4），放入一颗樱桃作花蕊即可。

图 1

图 2

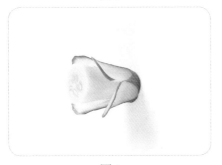

图 3

图 4

27

波斯菊

图 1

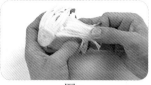

图 2

图 3

图 4

图 5

图 6

原料：奶白菜。

制作详解：

1. 取新鲜肉厚的奶白菜（图 1）。

2. 将绿叶部分切去（图 2）。

3. 用 V 形刀顺着菜梗外部插出一圈线条（图 3）。

4. 将线条以外的余料用手轻轻撕去（图 4）。

5. 用同样手法将所有的菜梗刻好（注意：刻到最里面几条菜梗时，V 形刀要改为顺着菜梗的内部戳插）（图 5）。

6. 将刻好的白菜放入水中浸泡，即卷成菊花状（图 6）。

红牡丹

原料：心里美萝卜、南瓜、法香。

制作详解：

1. 用小直刀将一个心里美萝卜拦腰切开，一分为二（图1）。

2. 取其中半个萝卜，用小弯刀将底部削平，再用旋刀法将半个萝卜加工成碗形（图2）。

图1　　　　　　　　　　　　　　　图2

3. 用小弯刀把萝卜的旋面修整平滑（图3），在旋面上刻出第一片花瓣，运刀时要上下起伏，令花瓣外边呈波浪形，并去除废料。

4. 用同样方法旋涡式雕出其他花瓣（图4）。

5. 用小弯刀小心雕出花蕊周围的花瓣（图5）。

6. 用圆坑刀在萝卜中央位置转一圈（图6）。

7. 接着将花蕊中央位置的废料挖出（图7）。

8. 另取一小块南瓜，切出花蕊（图8）。

9. 在切好的花蕊底部涂上胶水（图9）。

10. 将花蕊粘在花朵中央，并用小刀压紧（图10），最后用法香作装饰即可。

图 3

图 4

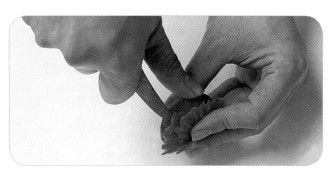

图 5

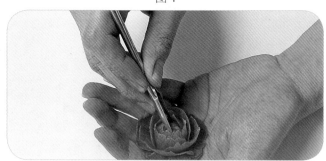

图 6

图 7

图 8

图 9

图 10

争奇斗艳

原料：黄瓜、心里美萝卜、红尖椒、番茜。

制作详解：

1. 将黄瓜切成半圆形薄片，摆在碟面上作围边（图1）。

2. 将心里美萝卜切成小块，雕成泪滴状，点缀在黄瓜薄片交界处（图2）。

3. 将红尖椒切出五个口，去除余料，整理成花形，与番茜一起点缀在方形碟的四角（图3）。

图1

图2

图3

相映成趣

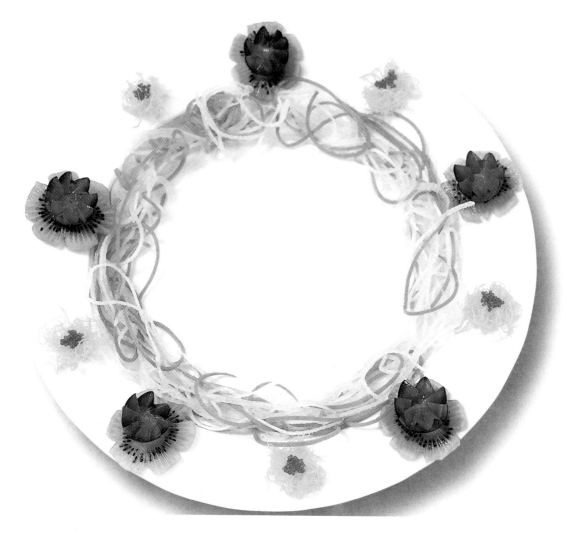

原料：白萝卜、胡萝卜、猕猴桃、提子、蛋丝。

制作详解：

1. 将白萝卜、胡萝卜切成丝，环绕碟边摆成圈（图1）。

2. 将猕猴桃切成片，雕成花瓣状，摆在圈外。将提子切成莲花状，放于猕猴桃片上（图2）。

3. 取少量蛋丝堆成一小堆，置于两片猕猴桃片之间作点缀（图3）。

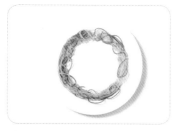

图1

图2

图3

满园春色

原料：橙子、提子、白萝卜、胡萝卜、黄瓜。

制作详解：

1. 将橙子切成半圆形薄片，环绕碟边摆成圈（图1）。

2. 将白萝卜、胡萝卜切成丝，均匀撒在橙片上作装饰（图2）。

3. 将提子切成蟹形花，将黄瓜切成圆片，然后将两者组合在一起，共五组，最后间隔摆放在橙片之间即可（图3）。

图1

图2

图3

暗香浮动

原料：黄瓜，心里美萝卜，黄色、红色彩椒。

制作详解：

1. 将心里美萝卜切成小圆片，然后组合成数朵梅花，并环绕碟边摆放（图1）。

2. 将黄色彩椒切成小圆片摆在梅花中心处作装饰（图2）。

3. 将黄瓜切成小圆片，以三片为一组交叠摆放成三连环，均匀摆放在梅花之间。将红色彩椒切成圈，摆在中间的黄瓜片上作装饰即可（图3）。

图1

图2

图3

国色天香

原料：黄瓜、心里美萝卜、樱桃。

制作详解：

1. 将黄瓜切成半圆片，边缘呈锯齿状，如图1所示叠放成蟹形花。

2. 将一颗樱桃切成两半，取一半放在蟹形花中心处作装饰。该组合共做三组（图2）。

3. 将其余黄瓜片立体摆放成如图3所示形状，并将由心里美萝卜雕成的红牡丹置于盘碟中间即可。

图1

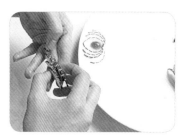

图2

图3

一扇清风

图 1

图 2

图 3

原料：菠萝、胡萝卜、黄瓜、提子、圣女果、番茜。

制作详解：

1. 将菠萝切成半圆片，圣女果切半，提子切片，然后将它们如图 1 所示沿扇形边缘摆放。

2. 将黄瓜切成半圆片，如图 2 所示沿扇柄边缘摆放。

3. 最后将番茜与由胡萝卜雕成的牡丹摆放在如图 3 所示位置即可。

千红一窟

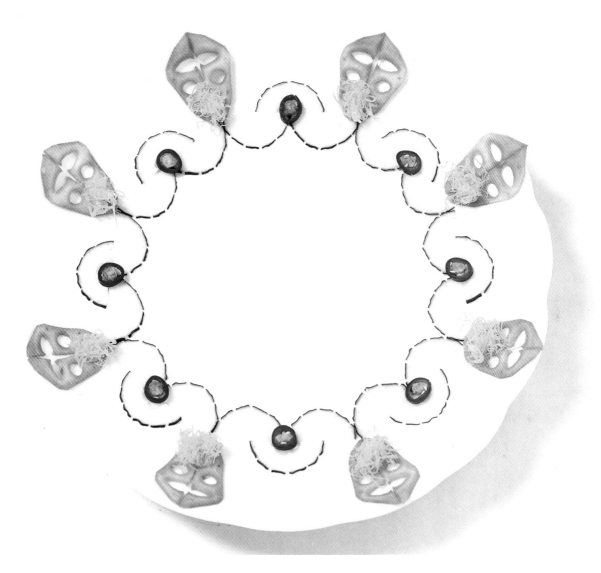

原料：黄瓜、红辣椒、莲藕、蛋丝。

制作详解：

1. 将黄瓜切成半圆片，摆成如图1所示的花形。

2. 将红辣椒切成圈，如图2所示摆放在黄瓜片上作装饰。

3. 将莲藕切成片，如图3所示摆放，最后取少量蛋丝撒在莲藕片上即可。

图1

图2

图3

繁花似锦

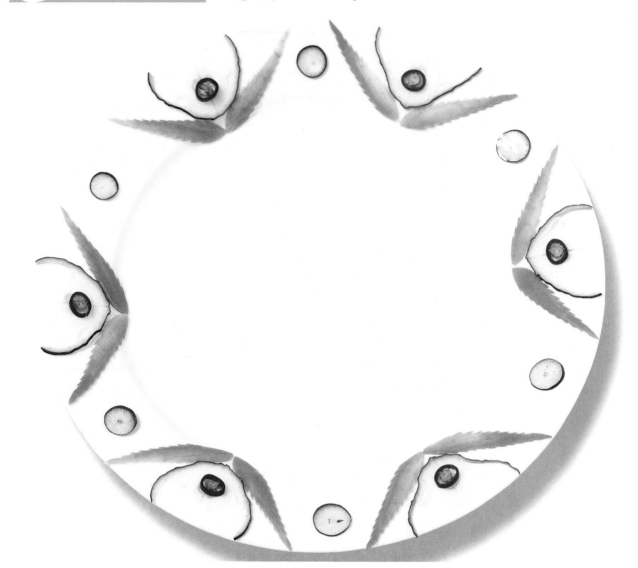

图1

图2

图3

原料：胡萝卜、黄瓜、红辣椒、提子。

制作详解：

1. 将胡萝卜削成柳叶状，如图1所示摆成"八"字形。

2. 将黄瓜切成片，用刀雕成如图2所示的造型，红辣椒切成圈后放在黄瓜片上。

3. 将提子切成圆片，如图3所示摆放即可。

欣欣向荣

原料：黄瓜、胡萝卜、蛋丝、薄荷叶、提子。

制作详解：

1. 将黄瓜切成半圆片，胡萝卜切成方片，然后将它们如图1所示相间围成六边形。

2. 在六边形外围堆放少许蛋丝，再如图2所示在蛋丝上摆放薄荷叶作点缀。

3. 将提子切成蟹形花，共做六个，分别摆放在六边形的六个外角处（图3）。

图1

图2

图3

太阳花

原料：黄瓜、橙子、猕猴桃、提子。

制作详解：

1. 将橙子切成半圆片，如图1所示摆放。

2. 将猕猴桃切成半圆片，如图2所示叠放在橙片上。注意：猕猴桃片要比橙片小一些。

3. 将黄瓜切成半圆片，如图3所示叠放在橙片所围成的圈内。

4. 将提子切成圆片，如图4所示摆放在橙片外围即可。

图1

图2

图3

图4

阳春三月

原料：茄子、橙子、黄瓜、胡萝卜。

制作详解：

1. 将茄子切成半圆片，如图 1 所示围成两层圆，将里面一层半圆片轻轻对折。

2. 将胡萝卜切成柳叶状，黄瓜切成薄片并去掉一半肉，然后将它们如图 2 所示摆在两层圆外侧。

3. 将橙子分切成小瓣，再用刀将各小瓣橙皮片到 2/3 处，在片出的橙皮上切两道口并卷起，最后如图 3 所示摆放即可。

图 1

图 2

图 3

大丽菊

原料：黄瓜。

制作详解：

1. 取一条黄瓜，在蒂部一端用小弯刀截取一小段材料。用小弯刀将材料底面切平，加工成杯状，然后用刀在瓜皮上刻出丝状花瓣（图1）。

2. 刻出第一层花瓣（图2）。

3. 用小弯刀切去第一层花瓣下的废料（图3）。

4. 将这一圈废料用手提出来去掉（图4）。

5. 用同样方法刻出第二层花瓣（图5）。

6. 用小弯刀切去第二层花瓣下的废料，用手将其提出来去掉（图6）。

7. 再刻出第三层花瓣，要求每一刀都切到材料的中心（图7）。

8. 中央的废料自然会被切出来，便形成一朵大丽菊。将大丽菊放在清水中浸泡约20分钟，花瓣会自然绽放（图8）。

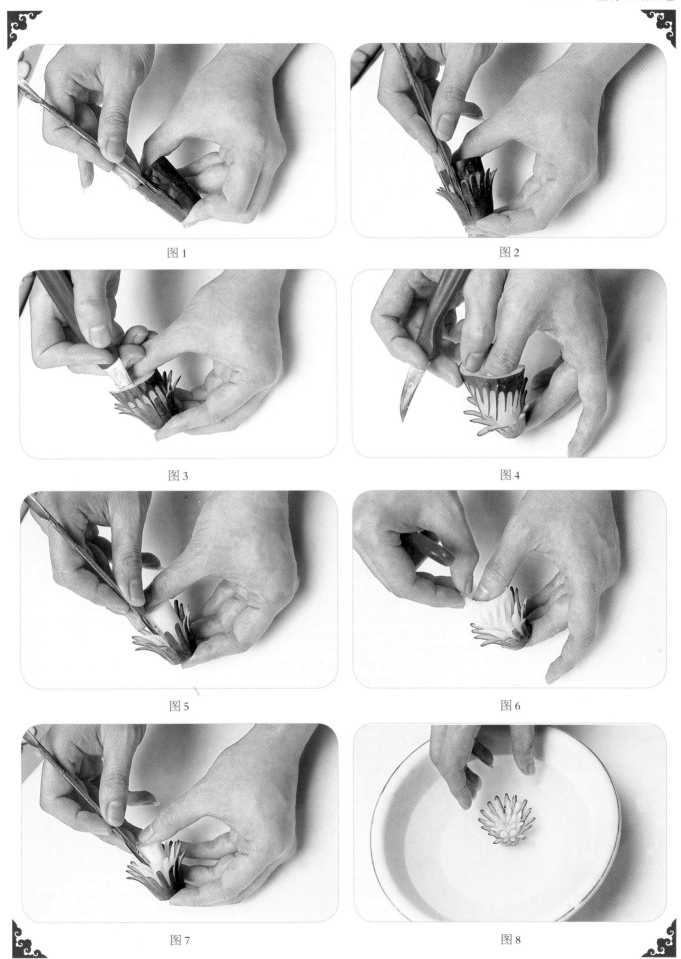

图 1

图 2

图 3

图 4

图 5

图 6

图 7

图 8

月季花

图 1

图 2

图 3

图 4

图 5

图 6

原料：南瓜、枝叶。

制作详解：

1. 先用桑刀切出一段圆柱体状的实心南瓜，其高度约等于横截面圆的半径。用旋刀法将南瓜加工成碗状（图1）。

2. 用小弯刀在旋面上平均刻出五片相同的花瓣（图2）。

3. 用旋刀法去除花瓣下的一圈废料，使其修出第二层旋面（图3）。

4. 用笔握法在旋面上再刻出五片相同的花瓣，并与第一层花瓣相互交错（图4）。

5. 用同样方法刻出七至八层花瓣，直至南瓜中央（图5）。

6. 在南瓜中央小心刻出五片小花瓣作为花蕊（图6）。

7. 最后将做好的月季花粘在枝叶上即可（大图）。

红百合

原料：红辣椒、生姜、橙子、黄瓜。

制作详解：

1. 将红辣椒一切为二（图1）。

2. 取带蒂的一半辣椒，从切口处下刀，切出一个小口（图2）。

3. 共切出四个小口（图3）。

4. 去除废料，放入水中浸泡片刻后捞起（图4）。

5. 将做成的红花粘在生姜上，再辅以黄瓜片、橙子片等作修饰即可（大图）。

图1

图2

图3

图4

映日荷花

图1

图2

图3

图4

原料: 洋葱、青萝卜、胡萝卜、冬瓜皮、枝叶、黄瓜。

制作详解:

1. 将洋葱切成大小不一的片,作为荷花瓣(图1)。

2. 用青萝卜和胡萝卜做成莲蓬(图2)。

3. 用胶水将荷花瓣粘在莲蓬周围(图3)。

4. 粘两至三层花瓣即可。

5. 最后用冬瓜皮、枝叶、黄瓜与荷花搭配成一个完整的摆盘(大图)。

寒花怒放

原料：心里美萝卜、胡萝卜、枝叶、橙子。

制作详解：

1. 将心里美萝卜加工成圆柱形（图1）。

2. 将圆柱形萝卜的一端加工成帽子状（图2）。

3. 顺着帽子外围向里刻出四瓣花叶（图3）。

4. 将花切离出来（图4）。

5. 另取胡萝卜加工成帽子状，然后用V形刀在帽子上戳一圈（图5）。

6. 将其切离便成花蕊状（图6）。

7. 将花蕊粘在花的中间（图7）。

8. 将制作成的花朵粘在枝叶上，最后摆放一排橙片作装饰即可（大图）。

图1

图2

图3

图4

图5

图6

图7

凌波仙子

图 1

图 2

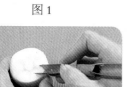

图 3

图 4

图 5

图 6

原料：白萝卜、胡萝卜、青萝卜、南瓜、茄瓜。

制作详解：

1. 取白萝卜切出平口（图 1）。

2. 在平口中心加工出圆形，用 U 形刀在圆形周围插出五个凹面（图 2）。

3. 用 U 形刀顺着凹面向下插一圈（图 3）。

4. 将花切离出来（图 4）。

5. 另取胡萝卜做成花蕊，粘在花的中间（图 5）。

6. 作品花完成（图 6）。

7. 用南瓜刻出一个底座，上面粘上用青萝卜做成的花茎，将花粘在茎上，最后用茄瓜片作点缀即可（大图）。

山花烂漫

原料：胡萝卜、樱桃、黄瓜、苹果、枝叶。

制作详解：

1. 将胡萝卜切成长方体（图1）。

2. 将长方体的一端削尖（图2）。

3. 顺着尖形面下刀削出花瓣（图3）。

4. 用同样方法削出所需的所有花瓣（图4）。

5. 将两片花瓣重叠在一起，中间放入樱桃作花蕊（图5）。

6. 用上述方法做出五朵花，最后将花朵分别粘在枝叶上，与黄瓜、苹果等搭配成一个完整的摆盘（大图）。

图1

图2

图3

图4

图5

竹韵悠长

原料：青萝卜、心里美萝卜、瓜皮、蛋丝、番茜、胡萝卜、芋头。

制作详解：

1. 将芋头切成大小不等的片，如图 1 所示堆放作底座。将青萝卜去皮，用 V 形刀轻戳出竹节，并用主刀加以修饰成竹竿。将瓜皮雕刻成竹叶，心里美萝卜雕刻成蝴蝶，然后用胶水将它们粘在竹竿上（图 1）。

2. 将蛋丝撒在底座周围作装饰（图 2）。

3. 将胡萝卜切成条，摆放在蛋丝旁边。最后取少量番茜均匀铺在蛋丝上作装饰即可（图 3）。

图 1

图 2

图 3

竿竿翠竹

原料：莴笋、青萝卜、心里美萝卜。

制作详解：

1. 将莴笋和青萝卜去皮（图1）。

2. 取莴笋，用V形刀轻戳出竹节（图2）。

3. 用主刀将竹节修饰至圆润光滑（图3）。

4. 取青萝卜的青皮部分，刻出竹叶（图4）。

5. 将竹叶用胶水粘在竹竿上（图5）。

6. 另取莴笋雕出一只蚂蚱，再把心里美萝卜
切成块，最后和翠竹搭配摆盘即可（大图）。

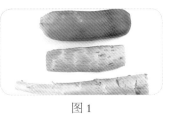

图1

图2

图3

图4

图5

奇葩

原料：上海青、胡萝卜、橙子、法香、枝叶。

制作详解：

1. 取新鲜的上海青（图1）。

图1

2. 切去绿叶部分（图2）。

图2

3. 将菜梗外部削去一层（图3）。

图3

4. 用同样方法将所有菜梗削好（图4）。

图4

5. 胡萝卜切成末，取少量放在菜梗中间作花蕊（图5）。

图5

6. 用上述方法做出五朵花，再将花朵分别粘在枝叶上，再用橙子片、法香修饰周边即可（大图）。

沁芳

原料：蒲瓜、冬瓜皮、心里美萝卜、白萝卜、胡萝卜、黄瓜、红辣椒。

制作详解：

1. 取蒲瓜，切成花瓶的形状（图1）。

2. 修出瓶颈（图2）。

3. 在瓶身上刻出梅花图案（图3）。

4. 将所有图案刻出（图4）。

5. 用冬瓜皮刻出枝叶的形状，用心里美萝卜、白萝卜和胡萝卜做出红、白小花，将黄瓜切成片，红辣椒切成丁，最后摆盘即可（大图）。

图1

图2

图3

图4

南国风情

图1　　　　　　　　　　图2

图3　　　　　　图4　　　　　　图5

原料：青萝卜、南瓜、胡萝卜。

制作详解：

1. 取南瓜，将其切成长条状（图1）。

2. 将南瓜条修成椰树干（图2）。

3. 用青萝卜刻出椰子叶（图3）。

4. 用胶水将叶子粘在树干上，用南瓜块作底座（图4）。

5. 另取胡萝卜刻出椰子，组合在一起，最后在树根部撒上青萝卜粒（图5）。

6. 用上述方法做出三棵椰子树，最后组合在一起即可（大图）。

如火如荼

原料：西红柿、黄瓜、洋葱、丝瓜。

制作详解：

1. 取一西红柿，平均切成四块（图1）。

2. 在每块西红柿表面切出∨形（图2）。

3. 每块西红柿共切四层（图3）。

4. 用手将西红柿轻轻推好造型（图4）。

5. 最后和黄瓜片、洋葱条、丝瓜丝一同摆盘即可（大图）。

图1

图2

图3

图4

动物

雄鹰

图1

图2

图3

图4

图5

原料：哈密瓜。

制作详解：

1. 用桑刀把哈密瓜皮去掉，把哈密瓜的截面加工成梯形（图1）。

2. 用桑刀雕刻出鹰头的图案（图2）。

3. 用小直刀雕刻出鹰翅的图案（图3）。

4. 用小直刀雕刻出鹰尾的图案（图4）。

5. 将哈密瓜横切成厚1厘米的薄片即可(图5)。

螃蟹

原料：黄瓜。

制作详解：

1. 取一大黄瓜，切取约7厘米长的段，然后一分为二（图1）。

2. 切出蟹足和螯的基本形状（图2）。

3. 将螯的细部刻出（图3）。

4. 在两边蟹足部位各切六刀，使之各成七片（图4）。

5. 分别将两边蟹足部位的第二、第四、第六片折起（图5）。

6. 稍微调整外形即可（图6）。

图1

图2

图3

图4

图5

图6

白鹤

原料：白萝卜、胡萝卜、南瓜、黑芝麻、牙签。

制作详解：

1. 将一将白萝卜切成薄片（图1）。

图1

图2

2. 刻出鹤的外形（图2）。

3. 用刀将翅膀一开为二（图3）。

图3

图4

4. 用胡萝卜刻出嘴，然后用胶水粘在鹤上（图4）。

5. 用南瓜刻出脚，然后用胶水粘在鹤上（图5），再将黑芝麻粘在白鹤的眼睛位置。

图5

6. 用牙签将白鹤固定在用白萝卜做成的底座上（大图）。

海马

原料：南瓜、白萝卜、黄瓜、黑芝麻、红辣椒。

制作详解：

1. 将南瓜切成片，然后在上面刻出海马的线条（图1）。

2. 去除废料（图2）。

3. 对海马的各个部位做修饰，再将黑芝麻粘在白鹤的眼睛位置（图3）。

4. 用同样方法做出两只海马，再用白萝卜、黄瓜、红辣椒作修饰即可（大图）。

图1

图2

图3

天鹅

图1

图2

图3

图4

图5

图6

原料：苹果、相思豆。

制作详解：

1. 取一苹果对半切开（图1）。

2. 在苹果中间切出一组 V 形片（图2）。

3. 用同样方法在苹果两侧切出 V 形片（图3）。

4. 将切好的 V 形片依次推出（图4）。

5. 另取出一片苹果刻成天鹅头（图5）。

6. 如图6所示插好即成天鹅状，最后用相思豆作眼睛即可（此造型最适合用于水果拼盘，也可作菜肴碟边装饰用）。

飞鸟

原料：南瓜、相思豆。

制作详解：

1. 将南瓜切成薄片（图1）。

2. 刻出鸟嘴和鸟头下部（图2）。

3. 刻出鸟头上部（图3）。

4. 刻出尾巴（图4）。

5. 刻出整只小鸟的基本形状（图5）。

6. 将小鸟切开变为两只（图6）。

7. 以简洁的刀法刻出翅膀和尾巴的线条（图7）。

8. 刻出鸟的眼睛和爪子（图8）。

9. 最后在眼睛部位装上相思豆即可（大图）。

图 1

图 2

图 3

图 4

图 5

图 6

图 7

图 8

孔雀头

原料：南瓜、法香、黑豆。

制作详解：

1. 取实心南瓜一段，去掉两边废料（图1）。

2. 雕刻出孔雀的基本形状（图2）。

3. 雕刻出孔雀的嘴（图3）。

4. 雕刻出孔雀的眼睛（图4）。

5. 用圆坑刀刻出孔雀脖子上的羽毛（图5）。

6. 取一小块南瓜，刻出孔雀头冠的基本形状（图6）。

7. 然后均匀切开宽的那一端，即成孔雀头冠（图7）。

8. 将切好的孔雀头冠交错叠起（图8）。

9. 用尖刀在孔雀头的顶部刻出一个小坑位，以便安装孔雀头冠（图9）。

10. 用胶水将孔雀头冠粘在孔雀头顶上（图10），用黑豆作孔雀的眼睛，最后用法香装饰即可。

图1

图2

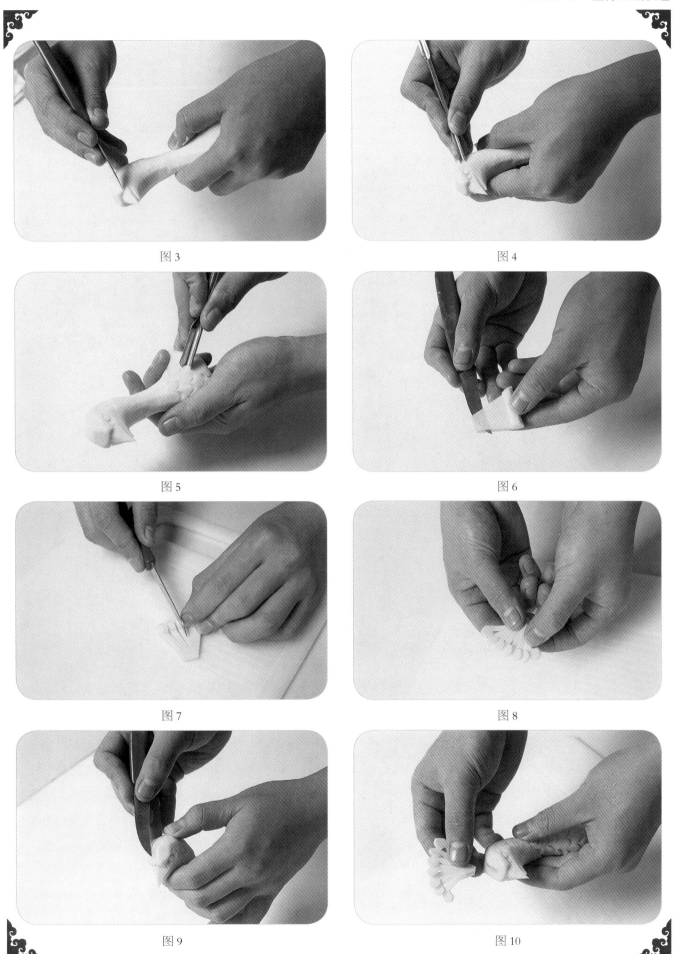

图 3

图 4

图 5

图 6

图 7

图 8

图 9

图 10

神龙首

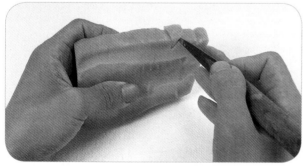

图1

图2

原料：胡萝卜。

制作详解：

1. 取胡萝卜切成长方形，然后在上面定出鼻和眼的位置（图1）。

2. 细刻出鼻子（图2）。

3. 画出嘴的外形线条（图3）。

4. 刻出嘴（图4）。

5. 刻出牙齿（图5）。

6. 另取料刻出舌头，用胶水粘在嘴中（图6）。

7. 刻出眼和角（图7）。

8. 刻出腮发和耳（图8）。

9. 最后稍作修饰即可（图9）。

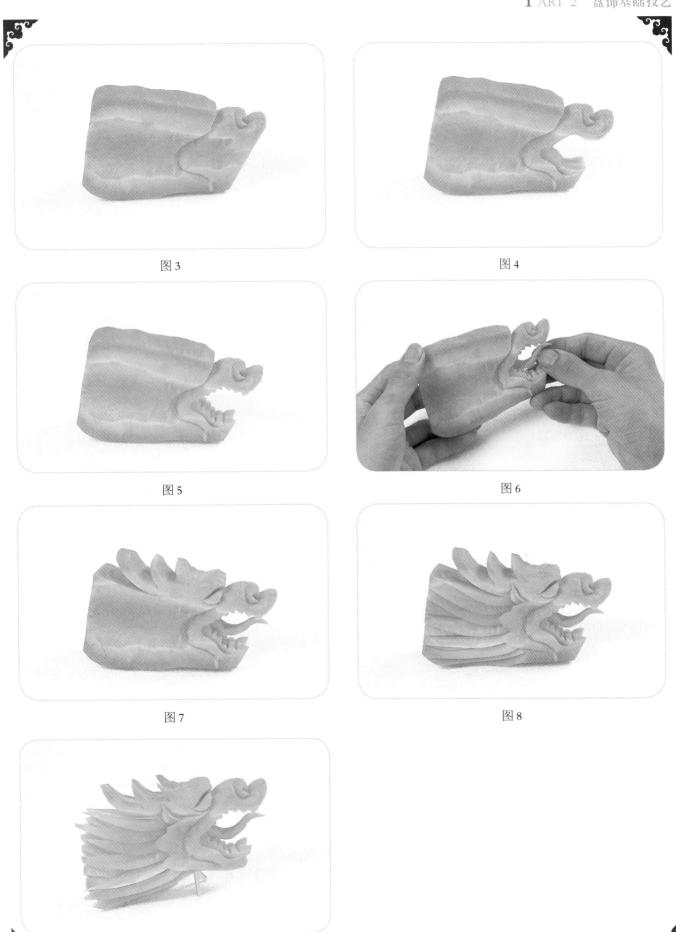

图 3

图 4

图 5

图 6

图 7

图 8

图 9

龟背

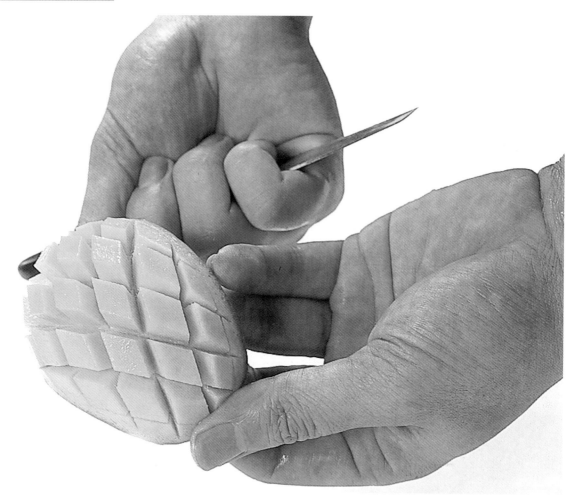

原料：芒果。

制作详解：

1. 取一个芒果，用小直刀片出两边的芒果肉（图1）。

2. 用小直刀在果肉上斜角刻划平行线，不要划破皮（图2）。

3. 然后再将果肉刻划出"井"字形花纹，不要划破皮（图3）。

4. 用两只手握住芒果的两端（图4）。

5. 将果皮向外翻开呈半圆形即可（图5）。

图1

图2

图3

图4

图5

凤尾

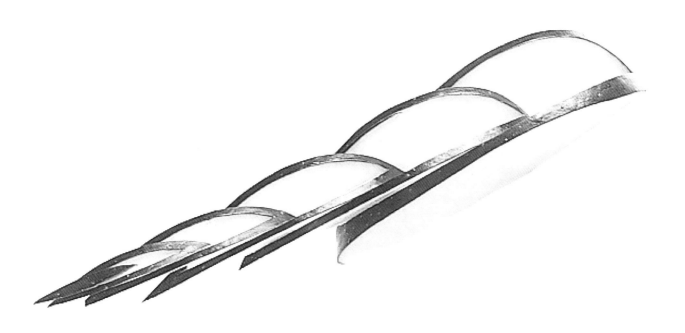

原料：蛇果。

制作详解：

1. 取一个蛇果，平均切成八块（图1）。

2. 取一块蛇果，切成"V"字形薄片（图2）。

3. 一共切出六片"V"字形的薄片（图3）。

4. 把"V"字形薄片依次从大到小排成凤尾状即可（图4）。

图1

图2

图3

图4

 蜗牛

图 1

图 2

图 3

图 4

图 5

原料：橙子。

制作详解：

1. 把一个橙子平均切成 8 等份（图 1）。

2. 用小直刀将橙皮与橙肉分离至 3/4 处（图 2）。

3. 用小直刀将橙皮白色部分切去（图 3）。

4. 用小直刀在橙皮上斜切两刀（图 4）。

5. 将橙皮往后翻起架在橙肉上，把底部切平即可（图 5）。

红兔

原料：油桃、西瓜子。

制作详解：

1. 在油桃的侧面切下一小块（图1）。

2. 在小块油桃上切一个V形缺口（图2）。

3. 切去多余的果肉，成为兔子的"耳朵"（图3）。

4. 在油桃的另一侧面切出一道缝（图4）。

5. 用小圆坑刀雕出眼睛的位置，然后放入西瓜子，最后将"耳朵"插上即可（图5）。

图1

图2

图3

图4

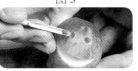

图5

 蝴蝶

图1

图4

图7

图2

图5

图8

图3

图6

原料：菠萝。

制作详解：

1. 将菠萝对半切开，用弯刀法将菠萝皮去掉（图1）。

2. 切掉菠萝的半圆部分（图2）。

3. 修成上宽下窄的梯形（图3）。

4. 用斜刀法切出蝴蝶尾部（图4）。

5. 用同样的方法切出蝴蝶翅膀（图5）。

6. 在蝴蝶的头部位置切出中线（图6）。

7. 切出蝴蝶头部（图7）。

8. 将刻好花纹的菠萝切成片，便成蝴蝶（图8）。

鱼翔浅底

原料：圣女果、樱桃、黄瓜、南瓜、葱。

制作详解：

1. 将圣女果一开为二，作金鱼身（图1）。

2. 将樱桃一开为二，作金鱼眼（图2）。

3. 将南瓜切成半圆片，作金鱼嘴（图3）。

4. 将黄瓜切成连刀片，注意不要切断，作尾巴和鳍（图4）。

5. 如图5所示拼摆出金鱼造型，最后将葱切成圈作水泡点缀即可。

图1　　　　　　　图2

图3　　　　　　　图4

图5

沉鱼落雁

原料：蛋丝、莲藕、橙子、提子、圣女果。

制作详解：

1. 将莲藕切片，然后对半切开，以三个半片为一组，叠放作鱼身；将提子切成小圆片，如图1所示与莲藕片间隔摆放。

2. 将橙子切成半圆片，以两片为一组作雁的翅膀，如图2所示摆放。

3. 将圣女果一开为二，取一半放在橙片前作雁首；在三片莲藕相交处撒少量蛋丝作鱼头即可（如图3）。

图1

图2

图3

 比翼双飞

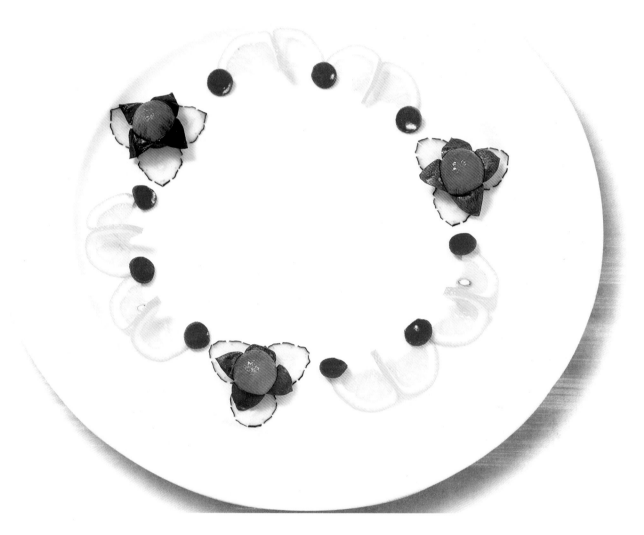

原料：黄瓜、提子、橙子、圣女果。

制作详解：

1. 将橙子切成"双飞"状，黄瓜切成小圆片，然后将它们如图1所示摆放。

2. 圣女果一开为二，如图2所示摆放。

3. 提子切四个口，然后将提子皮剥至3/4处做成花形，最后将它放在黄瓜片上即可（图3）。

图1

图2

图3

展翅翱翔

图 1

图 2

图 3

原料：黄瓜、圣女果、橙子。

制作详解：

1. 将黄瓜切成条，并将边缘切成锯齿状，如图1所示摆放，作鹰翼。

2. 将橙子切成半圆状，摆在两个鹰翼之间（如2）。

3. 圣女果一开为二，一半作鹰首，其余摆放在橙片上作装饰即可（图3）。

玉兔呈祥

原料：黄瓜、彩椒、玉米笋、胡萝卜、番茜。

制作详解：

1. 将黄瓜切成片，彩椒切成圈，将彩椒圈放在三片黄瓜上作点缀（图1）。

2. 用模具将胡萝卜雕成兔子，两只相对摆放（图2）。

3. 取玉米笋末端，与番茜一起放于两只兔子之间，摆成胡萝卜状作玉兔的食物（图3）。

图1

图2

图3

蝶恋花

图1

图2

图3

图4

原料：冬瓜皮、南瓜、心里美萝卜、黄瓜。

制作详解：

1. 取冬瓜皮，刻出蝴蝶的外形（图1）。

2. 用U形刀在冬瓜皮上戳出小孔（图2）。

3. 刻出翅膀的花纹（图3）。

4. 另取南瓜修成蝴蝶的躯干部分，然后用胶水粘在双翅中间（图4）。

5. 最后将蝴蝶和红牡丹组合在一起即可（大图）（红牡丹的做法可参考第29页）。

曲项高歌

原料：白萝卜、胡萝卜、黑芝麻、黄瓜、水蜜桃、西红柿、法香、苦瓜。

制作详解：

1. 将白萝卜切成薄片（图1）。

2. 在萝卜片上部刻出双鹤头部的基本形状（图2）。

3. 刻出双鹤身体和脚的基本形状（图3）。

4. 用简洁的手法修饰双鹤（图4）。

5. 另取小片胡萝卜，粘在鹤头上作冠(图5)，用黑芝麻作鹤的眼睛。

6. 最后用黄瓜、水蜜桃、西红柿、法香、苦瓜等加以修饰即可（大图）。

图1 　　　　　　　图2 　　　　　　　图3

图4 　　　　　　　图5

展翅高飞

原料：芋头、南瓜、黑芝麻、青萝卜、枝叶。

制作详解：

1. 将芋头切成片（图1）。

2. 在上面划出鹤的基本形状（图2）。

3. 去除废料，然后在鹤的胸腹部划一刀（图3）。

4. 切成两片，变成两只鹤（图4）。

5. 取一片拿在手中，用主刀由上向下将翅膀切割成"尖刀片"（底部不能切断）（图5）。

6. 取南瓜刻成鹤头，用黑芝麻作鹤的眼睛，再用胶水将鹤头粘在鹤的脖子上，翻开双翅，将脖子根部提起倒插入翅缝中（图6）。

7. 最后将两只鹤与青萝卜、枝叶一起摆盘即可（大图）。

图1

图2

图3

图4

图5

图6

双栖蝶

原料：心里美萝卜、白菜、黄瓜、红辣椒、枝叶、黑芝麻。

制作详解：

1. 取心里美萝卜，切成如图1所示块状。

2. 在一端切出一个弧形面（图2）。

3. 刻出蝴蝶翅膀的外形（图3）。

4. 用U形刀戳出一排圆孔（图4），并用黑芝麻用眼睛。

5. 修出翅膀上的斑纹（图5）。

6. 用刀从上至下切成夹刀片（底部不要切断）（图6）。

7. 将蝴蝶头部提起，插到夹刀片内侧，即成展开的蝴蝶（图7）。

8. 用同样方法做出两只蝴蝶，再与白菜、黄瓜、红辣椒、枝叶一起摆盘即可（大图）。

图1

图2

图3

图4

图5

图6

图7

 晶莹白兔

图1

图2

图3

图4

图5

原料: **熟鸡蛋、南瓜、相思豆、苦瓜、丝瓜、红辣椒。**

制作详解:

1. 将熟鸡蛋去壳,切成一大一小两份(图1)。

2. 将小份的鸡蛋修成兔耳(图2)。

3. 在大份鸡蛋上面划一刀,插入兔耳,再用相思豆作兔眼(图3)。

4. 另取南瓜,切成整齐的条形(图4)。

5. 用胶水将南瓜条交叉着粘好,即成栅栏(图5)。

6. 用上述方法做出两只兔子,再用苦瓜、丝瓜、红辣椒等装饰,最后摆上栅栏即可(大图)。

一飞冲天

原料：芋头、胡萝卜、南瓜、黄瓜、枝叶、黑芝麻。

制作详解：

1. 将芋头切片（图1）。

2. 划出寿带鸟的图形（图2），并去除废料。

3. 用胡萝卜刻出寿带鸟的尾、嘴、冠及肉垂，用胶水粘在寿带鸟的相应部位（图3）。

4. 对寿带鸟的翅膀和身体作修饰（图4），并用黑芝麻作眼睛。

5. 取一块南瓜，雕出花朵形状，再在花朵上插上枝叶，最后将寿带鸟摆在上方即可（大图）。

图1

图2

图3

图4

双宿双飞

原料：胡萝卜、芋头、佛手瓜皮、枝叶、土豆、相思豆。

制作详解：

1. 将胡萝卜切成薄片（图1）。

2. 划出鸟的身形（图2）。

3. 去除废料（图3）。

4. 另取胡萝卜片，刻出翅膀（图4）。

5. 将翅膀一开为二，成一对翅膀（图5）。

6. 将翅膀粘在鸟的相应部位，再用相思豆作鸟的眼睛（图6）。

7. 将芋头雕成假山，再在假山上粘上用佛手瓜皮做成的小草，把鸟支在假山上，最后用枝叶、土豆片修饰周边即可（大图）。

图1

图2

图3

图4

图5

图6

鹏程万里

原料：南瓜、相思豆、白萝卜、黄瓜、苦瓜。

制作详解：

1. 将南瓜切成薄片（图1）。

2. 在上面划出鹰的身形（图2）。

3. 去除废料（图3）。

4. 另取南瓜片，刻出翅膀（图4）。

5. 将翅膀粘在鹰的身体上，并作总体修饰（图5），再用相思豆作鹰的眼睛。

6. 用白萝卜雕出底座，把鹰粘在上面，再用苦瓜、黄瓜等装饰周围即可（大图）。

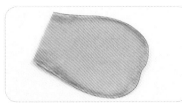

图1

图2

图3

图4

图5

鱼跃花见

图 1

图 2

图 3

图 4

图 5

原料：南瓜、相思豆、白萝卜、黄瓜、红辣椒。

制作详解：

1. 将南瓜切成片（图 1）。

2. 刻出鲤鱼的外形线条（图 2）。

3. 将刻好的鲤鱼一开为二，成两条鲤鱼（图 3）。

4. 分别对两条鲤鱼作修饰（图 4），并用相思豆作眼睛。

5. 将白萝卜雕刻出浪花形状，黄瓜切成半圆，红辣椒切成圈，然后将它们如图 5 所示摆放即可。

龙吟细细

原料：胡萝卜、相思豆、黄瓜、橙子、樱桃。

制作详解：

1. 将胡萝卜切成梯形（图1）。

2. 用主刀刻出鼻、眼（图2）。

3. 细刻出嘴和舌头（图3）。

4. 刻出腮、耳和龙角（图4）。

5. 细刻出毛发（图5）。

6. 另取一块胡萝卜，划出龙尾的线条（图6）。

7. 划出尾毛的线条（图7）。

8. 去除废料，然后对龙尾稍作修饰（图8）。

9. 细刻出鳞片和尾毛（图9），并用相思豆作眼睛，然后将龙首和龙尾摆在盘子两端。

10. 把黄瓜切成片，沿着盘子两边摆放，再将橙子切成片，与樱桃相间排列在最外围即可（大图）。

图1

图2

图3

图4

图5

图6

图7

图8

图9

凤尾森森

原料：南瓜、相思豆、黄瓜、西红柿、樱桃、橙子。

制作详解：

1. 将南瓜切成上薄下厚的块，并在上部定出嘴的位置（图1）。

2. 刻出凤嘴（图2）。

3. 修出颈部和冠羽（图3）。

4. 细修出凤头，另取南瓜刻出凤冠，用胶水粘在凤头上（图4），并用相思豆作眼睛。

5. 将黄瓜、西红柿、橙子切成不同的形状，最后与凤凰、樱桃一起摆盘即可（大图）。

图1

图2

图3

图4

清池蛙鸣

原料：黄瓜、花椒籽、红辣椒。

制作详解：

1. 在黄瓜的尾部斜切一刀（图1）。

2. 刻出青蛙眼，装入花椒籽作眼睛（图2）。

3. 切取4片黄瓜作青蛙的前后肢（图3）。

4. 细刻出青蛙的四肢（图4）。

5. 再取黄瓜刻成多个波纹条，把红辣椒去籽切成圈，最后摆盘即可（大图）。

图1

图2

图3

图4

鱼跃龙门

图1

图2

图3

图4

原料：木瓜、橙子、青萝卜。

制作详解：

1. 切取青皮木瓜一片，然后在上面画出图案（图1）。

2. 去除废料（图2）。

3. 刻出鲤鱼的基本形状（图3）。

4. 刻出鲤鱼的背鳍、腹鳍和鳞片（图4）。

5. 把橙子、青萝卜切成片，摆放在鲤鱼两边即可（大图）。

行云流水

原料：白萝卜、胡萝卜、黑芝麻、南瓜、黄瓜、洋葱、心里美萝卜。

制作详解：

1. 将白萝卜切成四方形片（图1）。

2. 刻划出天鹅的基本形状（图2）。

3. 刻出翅膀、尾部和脚（图3）。

4. 将其切成多片，成多只天鹅（图4）。

5. 每只天鹅粘上用胡萝卜刻的嘴（图5）。

6. 将翅膀由上至下切一刀，使其呈展开状（图6），再用黑芝麻作眼睛。

7. 取南瓜切成环状基座，把洋葱切成片作翔云，黄瓜切成条铺作地面，将心里美萝卜切成丁，最后摆盘即可（大图）。

图1

图2

图3

图4

图5

图6

相向和鸣

原料：莴笋、生姜、茄子、法香、黑芝麻。

制作详解：

1. 将莴笋去皮（图1）。

2. 将其中的一端削尖（图2）。

3. 刻出小鸟的嘴和腹部（图3）。

4. 刻出小鸟的外形（图4）。

5. 细刻出小鸟的翅膀和尾巴（图5），用黑芝麻作眼睛。

6. 用生姜作树枝，将小鸟固定在树枝上，再用茄子片作围边，最后用法香作点缀即可（大图）。

图1

图2

图3

图4

图5

凤舞朝阳

原料：芋头、南瓜、佛手瓜、心里美萝卜。

制作详解：

1. 将芋头切成片（图1）。

2. 划出所需的形状（图2）。

3. 去除废料（图3）。

4. 刻出凤头（图4）。

5. 细刻出翅膀和尾（图5）。

6. 把佛手瓜分成大小两段作底座，另取南瓜刻出云和太阳，与凤凰搭配（图6）。

7. 取心里美萝卜去皮，切成扇形片，摆在底座前面即可（大图）。

图1

图2

图3

图4

图5

图6

寿比南山

图1

图2

原料：白萝卜、南瓜、黄瓜、桃子、相思豆。

制作详解：

1. 将白萝卜切片（图1）。

2. 划出所需要的寿带鸟外形，并去除废料（图2）。

3. 用南瓜刻出嘴和冠羽，粘在寿带鸟的头部（图3）。

4. 对身体和尾巴作简单的修饰，在眼睛部位粘上相思豆（图4）。

5. 把黄瓜分成长短不一的三段，桃子去核、切片，最后摆盘即可（大图）。

图3

图4

独立沙洲

原料：白萝卜、胡萝卜、相思豆、冬瓜皮、蒲瓜、桃子、枝叶。

制作详解：

1. 将白萝卜切片（图1）。

2. 刻出鹭的基本形状，并去除废料（图2）。

3. 用胡萝卜刻出嘴和脚，粘在鹭的相应部位（图3）。

4. 对鹭作总体的修饰，以相思豆作眼睛（图4）。

5. 把蒲瓜切成近三棱锥形作为石块，冬瓜皮刻成草状，取桃肉切成小圆柱体，最后摆盘并加枝叶作点缀即可（大图）。

图1

图2

图3

图4

鸳鸯戏水

图1

图3

图5

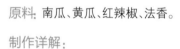

图2

图4

图6

原料：南瓜、黄瓜、红辣椒、法香。

制作详解：

1. 将南瓜切片，然后在中间切一小口，定出两只鸳鸯的位置（图1）。

2. 刻出鸳鸯头部和背部的基本形状（图2）。

3. 用V形刀戳出脖子上的羽毛（图3）。

4. 划出翅膀的外形（图4）。

5. 刻出翅膀（图5）。

6. 刻出尾部和水纹（图6）。

7. 把黄瓜切成薄片，红辣椒切成圈，最后摆盘并放上少许法香作装饰即可（大图）。

白鹤亮翅

原料：南瓜、番茜、白萝卜、紫包菜、黄瓜、蛋丝、提子。

制作详解：

1. 将紫包菜、白萝卜切成丝，混在一起堆成鸟巢状；将南瓜雕成树枝；另取白萝卜雕成两只白鹤，用胶水粘在枝头；在根部放少量番茜作装饰（图1）。

2. 将黄瓜切成"V"字形，分别摆放在树枝两侧（图2）。

3. 将少量蛋丝撒在碟面"V"字形末端；将提子一分为二，并切成莲花状，放在蛋丝上（图3）。

图1

图2

图3

竹林深处

图 1

图 2

图 3

图 4

图 5

图 6

原料：芥兰头、胡萝卜、心里美萝卜、黄瓜。

制作详解：

1. 将芥兰头切成短段（图1）。

2. 在细小的一端用V形刀戳出蝈蝈的颈部（图2）。

3. 刻出蝈蝈的眼睛（图3）。

4. 刻出蝈蝈的翅膀（图4）。

5. 修饰蝈蝈的整个身躯，然后另取芥兰头刻出足（图5）。

6. 将足和身躯用胶水粘好，再用牙签做成触须插在头部（图6）。

7. 用胡萝卜做出竹竿和竹叶，把做好的蝈蝈粘在竹竿上，再用心里美萝卜片和黄瓜片作装饰即可（大图）。

欢喜游龙

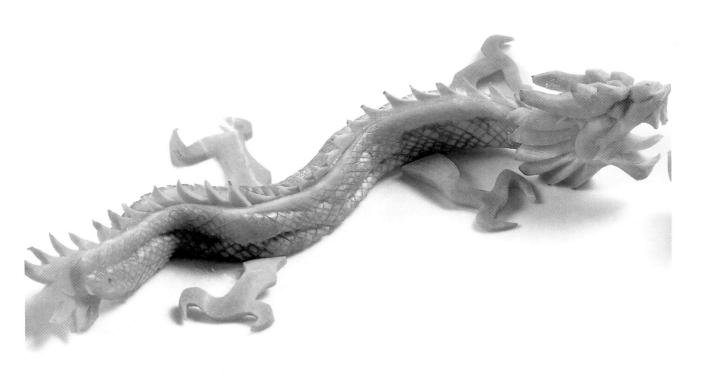

原料：苦瓜、胡萝卜。

制作详解：

1. 用胡萝卜刻出龙头、龙爪、龙尾和背鳍（图1）。

2. 将苦瓜切成条（图2）。

3. 在苦瓜表面顺着一个方向，切出平行的刀口（不要切断）（图3）。

4. 翻转材料，切出一组和原来刀口交叉的线条（图4）。

5. 将刻好的材料组合成一条龙即可（见大图）。

图1

图2

图3

图4

 玉螺艳艳

图1

图2

图3

图4

原料：心里美萝卜、青萝卜、黄瓜、橙子、红辣椒。

制作详解：

1. 取心里美萝卜，切取所需的形状（图1）。

2. 刻出螺的基本形状（图2）。

3. 用U形刀戳出螺的旋沟（图3）。

4. 将整个螺的外形修出（图4）。

5. 用上述方法做出两个螺，上盘，最后用黄瓜片、橙子片、辣椒块等作装饰即可（大图）。

鱼戏水草

原料：冬瓜皮、心里美萝卜、甘薯、法香。

制作详解：

1. 取冬瓜皮，在上面划出剑鱼的线条（图1）。

2. 去除一部分废料（图2）。

3. 去除剩余废料（图3）。

4. 划出头和身体的间隔线（图4）。

5. 细刻出各个部位的线条（图5）。

6. 用冬瓜皮刻出水草状，将鱼放在水草上，最后用甘薯、法香作修饰即可（大图）。

图1

图2

图3

图4

图5

成双成对

图1

图2

图3

图4

原料: 黄瓜、奇异果、心里美萝卜、青萝卜、白萝卜。

制作详解:

1. 将黄瓜一开为二,定出虾的头部位置(图1)。

2. 刻出虾钳和头部(图2)。

3. 刻出虾身、虾尾的基本形状(图3)。

4. 细刻出虾身、虾尾和虾足(图4)。

5. 把奇异果切成片,摆在盘子边上,再将虾放入盘中,并用心里美萝卜、青萝卜、白萝卜作装饰即可(大图)。

母子情深

原料：白萝卜、相思豆、冬瓜皮、白瓜、南瓜、黄瓜。

制作详解：

1. 将白萝卜切成长方形片（图1）。

2. 刻出大象的轮廓，并去除废料（如图2）。

3. 对大象做简单加工（图3）。

4. 修出大象的立体造型，以相思豆作眼睛（图4），再用同样方法制作出小象，然后将大、小象作前后跟随状放入盘中。

5. 将冬瓜皮刻成椰树状，南瓜切成粒，黄瓜切成薄片，白瓜取一长段，最后摆盘即可（大图）。

图1

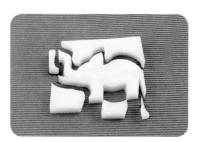

图2

图3

图4

其他

百变瓜皮

　　所谓瓜皮切雕，就是利用厨房中废弃的冬瓜皮、西瓜皮等边角余料，刻制成简洁的平面造型，用于装饰或点缀某些菜肴、果盘等。

　　适合于瓜皮切雕的图案多种多样，而雕刻手法主要有两种：一是先在瓜皮上划出所需的图形，然后顺着线条雕刻，这种方法适合于初学者；二是直接在瓜皮上刻出所需要的图案，这种方法更快，但前提是雕刻者必须胸有成竹。

小松鼠

原料：冬瓜皮或西瓜皮等。

制作详解：

1. 取一片瓜皮，在上面划出松鼠图案，去除部分废料（图1）。

2. 去除剩余废料（图2）。

3. 最后对松鼠的眼睛和身体作简单的修饰（图3）。

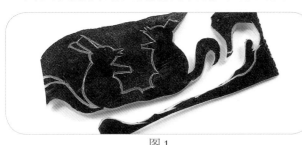

图1

图2

图3

复叶

原料：冬瓜皮或西瓜皮等。

制作详解：

1. 取大小适中的瓜皮（图1）。

2. 刻出叶片的外形（图2），并去除废料。

3. 刻出叶的主脉（图3）。

4. 刻出叶的细脉（图4）。

图1

图2

图3

图4

兔子

原料：胡萝卜。

制作详解：

1. 取胡萝卜切成半圆形（图1）。

2. 如图2所示切出弧度。

3. 切出兔耳（图3）。

4. 如图4所示切出兔尾。

5. 在兔头下方切去一块废料（图5）。

6. 翻转材料，在兔的腹部切去一块废料，显出兔的后腿（图6）。

7. 兔子成形，切成薄片。

图1

图2

图3

图4

图5

图6

图7

四喜图案

图1

图2

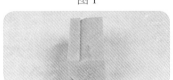

图3

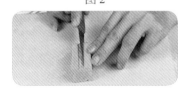

图4

图5

图6

图7

原料：胡萝卜。

制作详解：

1. 取胡萝卜切成段（图1）。

2. 将胡萝卜段切成长方体（图2）。

3. 分别在四个平面的一侧下刀，切去一部分（图3）。

4. 以同样的方法在另一侧切去一部分（图4）。

5. 在四个平面上各切出一条中间线（图5）。

6. 在四个面的两侧各切出一条线（图6）。

7. 将其切成片即可（图7）。

铜钱

原料：胡萝卜。

制作详解：

1. 将胡萝卜修成圆柱体（图1）。

2. 将圆柱体切成厚片（图2）。

3. 用U形刀在厚片中间插出孔（图3）。

4. 用主刀在孔的外围修去一层废料（图4）。

图1

图2

图3

图4

元宝

原料：胡萝卜。

制作详解：

1. 将胡萝卜切成厚片（图1）。

2. 将厚片切成梯形（图2）。

3. 用主刀刻出元宝的基本形状（图3）。

4. 细修出元宝的形状（图4）。

图1

图2

图3

图4

盘饰技艺

玲珑珠

浪花

原料：胡萝卜。

制作详解：

1. 将胡萝卜切成长方体（图1）。

2. 在长方体的每个角上切去一刀（图2）。

3. 用主刀在每个面上刻出线条（图3）。

4. 将中间部分修成圆珠，然后用主刀小心地将其与外部的线框脱离（镂空）（图4）。

原料：胡萝卜。

制作详解：

1. 将胡萝卜切成片（图1）。

2. 刻出浪花的基本形状（图2）。

3. 刻出浪花的细纹（图3）。

4. 修饰整体即可（图4）。

图1

图1

图2

图2

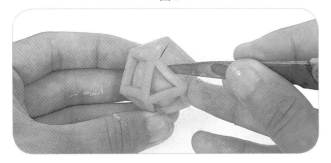

图3

图3

图4

图4

祥云

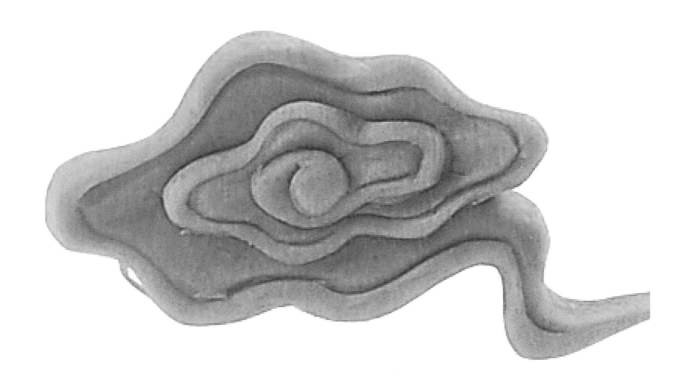

原料：胡萝卜。

制作详解：

1. 将胡萝卜切成片（图1）。

2. 用U形刀在胡萝卜中间转大半个圈（图2）。

3. 修出云心（图3）。

4. 从云心起刀，向外一层层勾出云的线条（图4）。

5. 顺着线条刻出云的立体造型（图5）。

6. 去除废料，给云添上装饰线即可（图6）。

图1

图2

图3

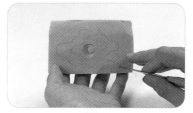
图4

图5

图6

渔网

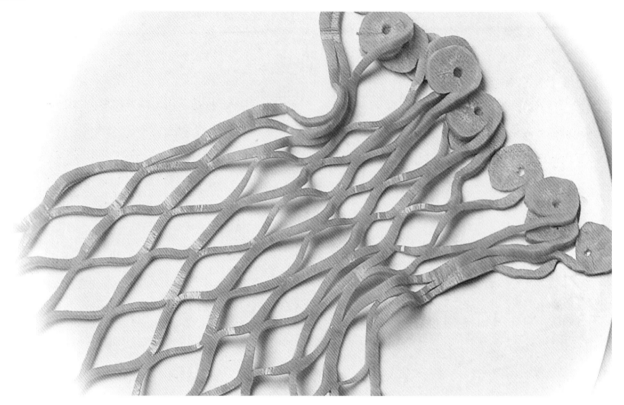

图 1

图 2

图 3

图 4

图 5

图 6

图 7

图 8

图 9

原料：胡萝卜。

制作详解：

1. 取出一段胡萝卜，在胡萝卜中间穿入一根竹签，将胡萝卜加工成长方体（图1）。

2. 将胡萝卜每隔0.3厘米切一刀，切出的刀口一定要平行（图2）。

3. 用同样方法在反面切出0.3厘米刀距的平行线，并与对面刀口构成平面（图3）。

4. 另外两面用同样刀法在刀口间平行切出中线，构成相互交错的平行网线（图4）。

5. 将切好的胡萝卜用浓盐水浸泡约半个小时，然后将泡软的胡萝卜修成圆柱体（图5）。

6. 用片刀法将切好的胡萝卜一圈圈片出（图6）。

7. 一直片到胡萝卜的中心（图7）。

8. 将胡萝卜中心部分切断，呈小环状（图8）。

9. 将切好的渔网摊开造型即可（图9）。

船坞

原料：青苹果。

制作详解：

1. 取 1/8 个苹果，内侧切平（图1）。

2. 在皮上切"V"字形薄片，共切5片（图2）。

3. 把小的薄片取出，从中间切断（图3）。把切好的薄片放回大的苹果片内，并把薄片向两端推开，呈船形。

图1

图2

图3

花篮

原料：柠檬。

制作详解：

1. 取一个柠檬，用小弯刀在皮上刻划出两个相互交错的篮子的图案（图1）。

2. 用小弯刀雕出两个篮子的底座（图2）。

3. 用小弯刀雕出两个篮子的提手（图3）。

4. 把两个篮子小心分离出来即可（图4）。

图1

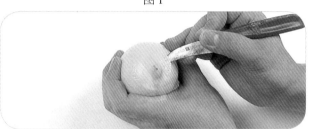

图2

图3

图4

百宝箱

原料：山竹。

制作详解：

1. 用圆坑刀在山竹中间戳出一串U形刀口（图1）。

2. 用手把山竹从刀口处分开即可（图2）。

图1

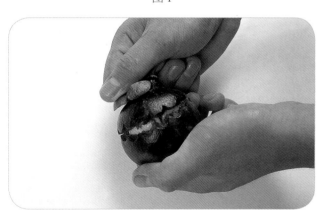

图2

双翼

原料：柠檬。

制作详解：

1. 将柠檬对半切开（图1）。

2. 去掉侧边的废料（图2）。

3. 用桑刀将柠檬切成"双飞"状即可（图3）。

图1

图2

图3

折扇

原料：菠萝。

制作详解：

1. 取一个带冠顶的新鲜菠萝切成 4 等份，再切去头尾（图 1）。

2. 用桑刀片去菠萝的外皮（图 2）。

3. 用桑刀切去菠萝的硬骨（图 3）。

4. 用欹刀法将菠萝切成 1 厘米厚的片状即可（图 4）。

图 1

图 2

图 3

图 4

塔形橙子

原料：橙子、提子。

制作详解：

1. 取一个橙子，切去顶部和底部（图1）。

2. 在橙子的侧面平行切五刀，切至靠近橙子的中间位置（图2）。

3. 另一侧面也用相同的切法，使两侧对称（图3）。

4. 取一粒提子，切出十片薄片（图4）。

5. 把五片提子片放在橙子的一侧切口内（图5）。

6. 把剩余提子片放在橙子的另一侧切口内（图6）。

7. 另取一粒提子，放在橙子两面切口内。

图1

图2

图3

图4

图5

图6

图7

眉开眼笑

原料: 橙子、白萝卜、胡萝卜、莲藕、青萝卜。

制作详解:

1. 将白萝卜、胡萝卜切成丝,混在一起围成三角形(图1)。

2. 将莲藕切片,然后对半切开,以三个半片为一组,叠放在三角形的三个角处(图2)。

3. 将橙子切成小瓣,然后用刀将橙皮片到2/3处,在片出的橙皮上切两道口,卷起橙皮,以两瓣为一组放在三角形三条边的外侧作眉和眼。将青萝卜切成小圆片,放在两眼之间即可(图3)。

图1

图2

图3

凌风起舞

原料：柠檬、黄瓜、樱桃。

制作详解：

1. 将黄瓜切成较厚的半圆片，立起来围成圈（图1）。

2. 将柠檬切成"双飞"状，放在圈外围（图2）。

3. 将樱桃一开为二，摆放在柠檬片之间即可（图3）。

图1

图2

图3

顶戴花翎

原料：黄瓜、西红柿、青萝卜、提子、番茜。

制作详解：

1. 将黄瓜切成较厚的半圆片，立起来围成三角形，然后在每个角处放少量番茜（图1）。

2. 将西红柿切成半圆片，青萝卜切成小圆片，交叉摆放在三角形外围（图2）。

3. 将提子切雕成凤尾花状，摆在三角形的三个角处即可（图3）。

图1

图2

图3

翡翠倾城

图1

图2

图3

原料：黄瓜、橙子、圣女果。

制作详解：

1. 将黄瓜切成半圆片，叠放围成圆（图1）。

2. 将橙子切成"双飞"状，环绕在圆外侧（图2）。

3. 将圣女果一开为二，摆放在柠檬片之间即可（图3）。

终南仙人

原料：生姜。

制作详解：

1. 选取形状合适的生姜（图1）。

2. 驳接出人的身体（图2）。

3. 另取生姜去皮，简单地刻出人头（图3）。

4. 将人头同身体粘好即可（图4）。

图1

图2

图3

图4

一帆风顺

图1

图2

图3

图4

原料：南瓜、白萝卜、心里美萝卜、冬瓜皮。

制作详解：

1. 将南瓜切成长方体（图1）。

2. 雕出小船的轮廓（图2）。

3. 对小船做进一步修饰（图3）。

4. 将白萝卜切成薄片，插入竹签作帆，再用心里美萝卜刻成旗，粘在桅杆上（图4）。

5. 最后把冬瓜皮刻成波浪形，摆放在小船周围即可（大图）。

仙桃贺寿

原料：白萝卜、青萝卜、食用色素。

制作详解：

1. 取白萝卜，划出桃子的图形（图1）。

2. 修出桃子的基本形状（图2）。

3. 将桃子修光滑（图3）。

4. 用食用色素将桃子染好色（图4）。

5. 最后用青萝卜切出几片叶子，摆在桃子下方即可（大图）。

图1

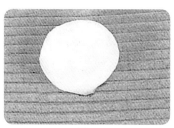

图2

图3

图4

菜篮

原料：南瓜。

制作详解：

1. 取形状对称均匀的小南瓜一个（图1）。

2. 切出篮柄和篮身的基本形状（图2）。

3. 用U形刀戳出篮柄和篮身的边纹（图3）。

4. 将中间的瓜瓤掏去，再加以修整即可（图4）。

图1

图2

图3

图4

笑口常开

原料：茄子、相思豆、云南小瓜、胡萝卜。

制作详解：

1. 连蒂切取茄子约 3 厘米长（图 1）。

2. 用主刀修出眉毛，接着再修出鼻子（图 2）。

3. 修出嘴（图 3）。

4. 装上相思豆作眼睛（图 4）。

5. 将胡萝卜切成丁，云南小瓜切成片，与做好的人像一起摆盘即可（大图）。

图 1

图 2

图 3

图 4

 节节高升

原料：胡萝卜、青萝卜、香芹叶。

制作详解：

1. 取胡萝卜，削去外皮，然后用V形刀戳出玉米棒行间的线条（约14行）（图1）。

2. 定出每行的玉米粒（图2）。

3. 将玉米粒修圆润光滑（图3）。

4. 将青萝卜切成片，裹在玉米棒外面作玉米苞（图4）。

5. 重复上述做法，做出两根玉米棒，再和香芹叶一起摆盘即可（大图）。

图1

图2

图3

图4

 天籁之音

原料：胡萝卜、冬瓜皮、黄瓜、竹签。

制作详解：

1. 将胡萝卜切成厚片（图1）。

2. 刻出小提琴的轮廓，并取冬瓜皮修出部分结构，用胶水粘在小提琴上（图2）。

3. 用竹签做一个弓，装在小提琴上作装饰（图3）。

4. 最后用冬瓜皮刻出音符，把黄瓜切成薄片摆在碟边即可（大图）。

图1

图2

图3

 无量宝塔

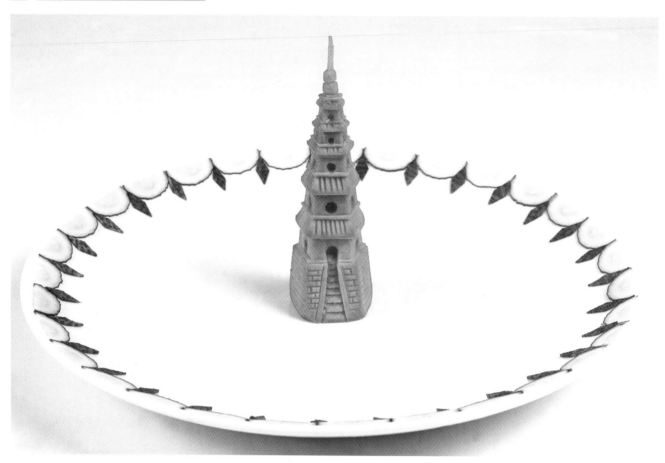

图1

图2

图3

图4

图5

图6

图7

原料：胡萝卜、黄瓜、心里美萝卜。

制作详解：

1. 将胡萝卜修成上尖下宽的五棱锥（图1）。

2. 将塔身分成5部分，然后在五棱锥上部修出塔顶（图2）。

3. 依次刻出各层（图3）。

4. 用主刀切出各层的塔檐（图4）。

5. 用U形刀戳出塔孔（图5）。

6. 用线刀戳出塔檐的线条，并修饰塔身（图6）。

7. 对塔作整体修饰（图7）。

8. 将塔放在盘中间，再用黄瓜片、心里美萝卜块装饰盘边即可（大图）。

古井深幽

原料：大黄瓜、南瓜、胡萝卜、茄子、红辣椒。

制作详解：

1. 取大黄瓜的一端，切去桶柄两边的废料（图1）。

2. 去除中间的果肉（图2）。

3. 修饰表面线条（图3）。

4. 在桶柄上挖出两个洞，装上切成长条形的黄瓜作手把（图4）。

5. 用南瓜刻出一个井，胡萝卜刻出扁担，红辣椒、茄子切成片，最后和桶一起摆盘即可（大图）。

图3

图1

图4

图2

月出姣姣

图 1

图 2

图 3

原料：黄瓜、蛋丝、胡萝卜、提子。

制作详解：

1. 将黄瓜切成半圆片，叠放围成圆（图 1）。

2. 将蛋丝平均分成六份，均匀摆放在圆外侧作祥云；将胡萝卜切成细条，拼成三角形放在蛋丝上（图 2）。

3. 将提子切成圆片作圆月，放在两份蛋丝之间即可（图 3）。

情窦初开

原料：黄瓜、茄子、西红柿、橙子、红辣椒。

制作详解：

1. 将黄瓜和茄子切成半圆片，然后将它们如图 1 所示摆放围成圈。

2. 将橙子切成"双飞"状，红辣椒切成圈，然后将它们如图 2 所示摆放在圈外。

3. 将西红柿切成六瓣，用刀将表皮剥离，并将表皮向外翻。以两瓣为一组，如图 3 所示摆放即可。

图 1

图 2

图 3

绚烂烟花

原料：白萝卜、胡萝卜、红辣椒、蛋丝、丝瓜。

制作详解：

1. 将白萝卜和胡萝卜切成丝，然后将它们如图1所示围碟边摆成鸟巢状。

2. 将红辣椒切出五个口，去除废料，整理成花形，置于鸟巢中央，并将蛋丝撒在花蕊处（图2）。

3. 将丝瓜切成片，放置在两朵花之间作装饰，另取红辣椒切成圈，放在丝瓜片上即可（图3）。

图1

图2

图3

PART 3
盘饰创意设计

植物

可爱葡萄

图1

图2

图3

图4

图5

原料：白色、绿色软糖。

制作详解：

1. 将白色软糖烤软、拉亮，再吹成小球，共完成数十个大小不一的小球，然后把这些小球组合成一串葡萄（图1）。

2. 另用绿色软糖制作出叶子造型（图2）。

3. 继续用绿色软糖制作出枝干和藤条（图3）。

4. 将葡萄用上色机喷上紫色，并入盘固定（图4）。

5. 最后把枝干、藤条、叶子与葡萄组合固定起来即可（图5）。

出水芙蓉

原料：黄瓜、西红柿、柿子椒、鹌鹑蛋。

制作详解：

1. 将一个西红柿平均分成八份（图1）。

2. 把西红柿去果肉后削切成薄薄的片（图2）。

3. 把西红柿薄片在盘内叠放成荷花形状，注意修整薄片的大小（图3）。

4. 把黄瓜皮剁碎成粒（图4）。

5. 取一较长的黄瓜薄片，切成细条，然后把黄瓜皮碎粒粘在上面（图5）。

6. 将其摆入盘中，用作荷花的枝干（图6）。

7. 用柿子椒雕刻出荷叶，摆入盘中（图7）。

8. 取两个熟鹌鹑蛋，对半切开，摆入盘中作莲藕，最后用黄瓜皮细丝装饰即可（图8）。

图1

图2

图3

图4

图5

图6

图7

图8

富贵牡丹

图 1

图 2

图 3

图 4

图 5

图 6

原料：西红柿、黄瓜、橙子。

制作详解：

1. 取一个西红柿，从顶端开始往下旋转 360° 削制长皮（图 1）。

2. 把削制出的长皮卷成一朵花，并入盘摆设（图 2）。

3. 另取黄瓜薄皮切出菱形片，并用刀沿着边切出碎丝条（图 3）。

4. 再轻拍打散成叶形，共制作三片（图 4），然后入盘摆设。

5. 用一分为二的橙子切出一组薄片（图 5）。

6. 将薄片以三片为一组叠放在盘内作装饰即可（图 6）。

万年青

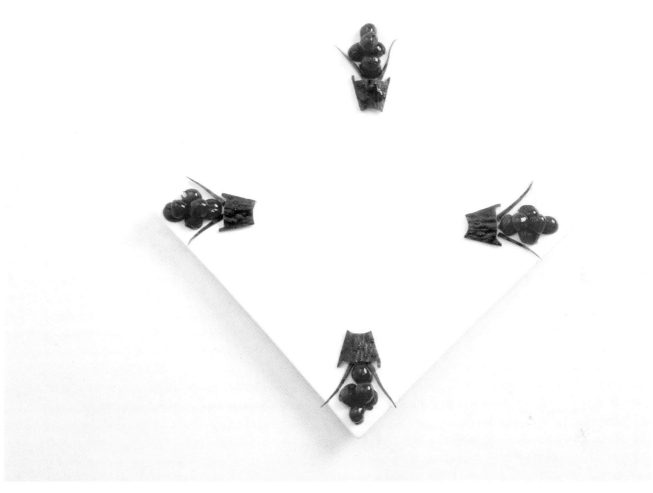

原料：黄瓜、樱桃。

制作详解：

1. 取一段黄瓜，纵向切出一层薄片（图1）。

2. 切出四边形后修成等腰梯形（图2）。

3. 然后在梯形黄瓜皮的边上分别雕刻出弧线和直线（图3）。

4. 再取黄瓜皮切出三角形，并入盘摆设（图4）。

5. 将樱桃一分为二，并以五至六个半颗樱桃为一组，入盘摆设即可（图5）。

图1

图2

图3

图4

图5

小蘑菇

原料：胡萝卜、白萝卜、巧克力果酱、彩色果酱、法香。

制作详解：

1. 用胡萝卜方块雕刻出两个大小不一的锅状蘑菇帽（图1）。

图1

图2

2. 再用白萝卜雕刻出两根一端较粗、一端较细的蘑菇柄（图2），然后与蘑菇帽组合成蘑菇造型。

3. 用巧克力果酱和彩色果酱在盘内绘制线条和图案，然后把准备好的两个蘑菇摆入盘中（图3）。

图3

图4

4. 最后加入法香作装饰即可（图4）。

青草闲花

原料：黄瓜、圣女果、法香。

制作详解：

1. 先用黄瓜皮雕刻出较长的草茎（图1）。

2. 另取一片黄瓜薄片切出九片"夹刀片"，然后与草茎一起入盘摆设（图2）。

3. 接着用圣女果装饰花卉（图3）。

4. 用黄瓜皮雕刻出五片叶子，放在草茎上（图4）。

5. 再切取四片黄瓜片，叠放在花卉左边，最后用法香装饰即可（图5）。

图1

图2

图3

图4

图5

牡丹花魁

图 1

图 2

图 3

图 4

图 5

原料：黄瓜、胡萝卜、草叶。

制作详解：

1. 取一黄瓜薄皮，裁切出 8 厘米长的曲线藤条（图 1）。

2. 再用黄瓜薄片雕刻出叶子（图 2）。

3. 取一段胡萝卜，从外层开始雕刻，雕出一朵花，并用黄瓜段作底座（图 3）。

4. 将叶子、藤条装饰在花朵上（图 4）。

5. 最后用大片的草叶装饰即可（图 5）。

花语

原料：巧克力果酱、圣女果、鲜花、情人草。

制作详解：

1. 用巧克力果酱在盘内一角绘制图案（图1）。

2. 将圣女果切成片，点缀在果酱旁边（图2）。

3. 然后放入一只高脚杯，配以情人草（图3）。

4. 最后用鲜花装饰即可（图4）。

图1

图2

图3

图4

梅花三弄

图 1

图 2

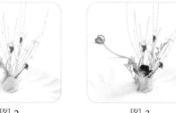

图 3

图 4

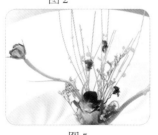

图 5

原料：面团、面条、情人草、玫瑰花、兰花、蒜薹、松针、小米椒。

制作详解：

1. 用面团作基底，把面条油炸至金黄后入盘摆设（图 1）。

2. 插入准备好的蒜薹和玫瑰花（图 2）。

3. 加入兰花和情人草作进一步装饰（图 3）。

4. 继续插入松针（图 4）。

5. 最后把小米椒雕刻成花朵，入盘点缀即可（图 5）。

琼枝玉树

原料：面团、蒜薹、心里美萝卜片、情人草、小花朵、松针、石竹、康乃馨。

制作详解：

1. 取一块面团作花艺基底（图1）。

2. 把切成丝带状的蒜薹固定在面团上（图2）。

3. 然后插入石竹和情人草（图3）。

4. 插入小花朵作装饰（图4）。

5. 用松针作进一步装饰（图5）。

6. 另取一片心里美萝卜片，雕刻成花状后入盘摆设（图6）。

7. 最后撒入康乃馨花瓣即可（图7）。

图1

图2

图3

图4

图5

图6

图7

花开几时

图 1

图 2

图 3

图 4

图 5

原料：心里美萝卜、法香、绿叶。

制作详解：

1. 取一个心里美萝卜，去皮（图1）。

2. 在心里美萝卜外圈雕刻出几片花瓣（图2）。

3. 用同样的方法雕刻出数层花瓣，完成整朵花的造型（图3）。

4. 将完成的花朵摆入盘中，再加入绿叶作装饰（图4）。

5. 最后加入法香作点缀即可（图5）。

月季花开

原料：心里美萝卜、黄瓜。

制作详解：

1. 取一段带皮的心里美萝卜（图1）。

2. 将其中一端切成多边形，准备制作花瓣（图2）。

3. 用雕刻刀从带皮的一端开始削出一片花瓣（图3）。

4. 一片花瓣对应另一端的一条边，如此完成整个月季花的雕刻（图4）。

5. 另取一段黄瓜，雕刻出叶子（图5）。

6. 再用拉线刀在叶子上拉出叶子的纹理（图6）。

7. 最后将花朵和叶子组合在盘内即可（图7）。

图1

图2

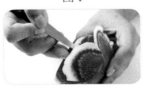

图3

图4

图5

图6

图7

寒梅幽香

图 1

图 2

图 3

图 4

图 5

原料：胡萝卜、法香。

制作详解：

1. 取一根红萝卜，用 U 形刀修出圆形花蕊（图 1），并在花蕊周围戳出五个凹面。

2. 然后分别顺着每个凹面向下插一圈，将花朵切离出来（图 2）。

3. 另取一根胡萝卜，用刀削出树干的轮廓（图 3）。

4. 再用拉线刀雕刻出树干的纹理细节（图 4）。

5. 将树干摆入盘中，接着把花朵组装在树枝上，最后加入法香作点缀即可（图 5）。

荷韵飘香

原料：心里美萝卜、西瓜皮。

制作详解：

1. 取一段心里美萝卜，去皮（图1）。

2. 然后从一端开始沿着四周雕刻出第一层花瓣
（图2）。

3. 接着在上一层花瓣间隔中间雕刻第二层花瓣，
完成整个荷花造型（图3）。

4. 用戳刀戳出莲子的孔洞（图4）。

5. 用心里美萝卜的皮制作出莲子，放入荷花中
（图4）。

6. 用西瓜皮雕刻出荷叶（图5）。

7. 用西瓜皮雕刻出数只蝌蚪，然后将所有造型
组合即可（图7）。

图1

图2　　　　　图3

图4　　　　　图5

图6　　　　　图7

老树寒梅

图 1

图 2

图 3

图 4

原料：胡萝卜、巧克力果酱。

制作详解：

1. 先用红萝卜按第 142 页步骤 1 ~ 2 戳出数朵花朵（图 1）。

2. 接着用巧克力果酱在盘中绘制树枝（图 2）。

3. 将花朵点缀在果酱树枝上（图 3）。

4. 调整好整体造型和布局即可（图 4）。

秋菊傲放

原料：心里美萝卜、西瓜皮、法香。

制作详解：

1. 取一块方形心里美萝卜，用戳刀从外层开始戳出线条，一层层往内雕刻出菊花（图1）。

2. 另取西瓜皮雕刻出数片叶子（图2）。

3. 把菊花和叶子入盘摆设，最后加入法香作装饰即可（图3）。

图 1

图 2

图 3

洛阳牡丹

图1

图2

图3

图4

原料：红色、绿色果酱，巧克力果酱。

制作详解：

1. 用红色果酱在盘内一侧绘制一朵盛开的牡丹（图1）。

2. 用绿色果酱在牡丹的周围绘制叶子（图2）。

3. 用巧克力果酱在牡丹两边绘制伸展的花枝（图3）。

4. 用绿色果酱在花枝上绘制叶子和叶芽即可（图4）。

丰收果实

原料：巧克力果酱，黄色、绿色果酱。

制作详解：

1. 用准备好的巧克力果酱在盘内一侧绘制曲线枝藤（图1）。

2. 用黄色果酱绘制圆形南瓜，用巧克力果酱绘制细细的南瓜纹理（图2）。

3. 用绿色果酱绘制数片叶子即可（图3）。

图1

图2

图3

百合之花

图1

图2

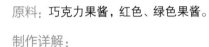

原料：巧克力果酱，红色、绿色果酱。

制作详解：

1. 用红色果酱绘制百合花的基本轮廓（图1）。

2. 再用巧克力果酱绘制花纹细节（图2）。

3. 最后用绿色果酱绘制花枝和叶子即可（图3）。

图3

青梅竹马

原料：巧克力果酱、绿色、红色果酱。

制作详解：

1. 用巧克力果酱在盘内一侧绘制两根自然延伸的大竹子（图1）。

2. 用绿色果酱绘制竹叶（图2）。

3. 用巧克力果酱在竹子右侧绘制延伸而出的梅花树枝（图3）。

4. 最后用红色果酱绘制梅花斑点，用巧克力果酱绘制假石作装饰即可（图4）。

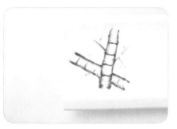

图1

图2

图3

图4

五彩蘑菇

图 1

图 2

图 3

原料：透明、红色、绿色软糖。

制作详解：

1. 用红色软糖捏成一个圆形弧面的菌盖，然后用糖艺刀在外层压制凹槽，再用透明软糖捏成菌柄，并捏出若干小颗粒点缀菌盖（图1）。

2. 完成两个蘑菇造型，并入盘固定（图2）。

3. 用绿色软糖制作枝干和绿叶，然后将它们组合在盘中（图3）。

草莓

原料：红色、绿色软糖。

制作详解：

1. 将红色软糖烤软、拉长，加工成一端大、一端小而且不平滑的椭圆形草莓造型（图1）。

2. 另取绿色软糖制作藤条和叶子，将其用火烤后固定造型，然后与草莓组合在一起即可（图2）。

图1

图2

动物

孔雀开屏

图 1

图 2

图 3

图 4

图 5

图 6

图 7

图 8

图 9

图 10

原料：黄瓜、樱桃、胡萝卜、心里美萝卜、相思豆、法香。

制作详解：

1. 将黄瓜薄皮切成菱形（图 1）。

2. 然后用刀沿着其中三条边切出一批连体的碎丝（图 2）。

3. 轻拍碎丝，使其散开成形（图 3）。

4. 另取樱桃一分为二，点缀在碎丝薄片上，入盘摆设（图 4）。

5. 取一段胡萝卜，用雕刻刀雕出孔雀的躯干轮廓（图 5）。

6. 再取一片胡萝卜雕刻出孔雀的头冠（图 6）。

7. 另取心里美萝卜，去皮切成方形后削成半圆柱体（图 7）。

8. 将半圆柱体心里美萝卜用直刀法切成薄片，然后水平推开呈梯状（图 8）。

9. 用相思豆作孔雀的眼睛，然后把组合好的孔雀摆入盘中，再把心里美萝卜薄片摆放在孔雀两边如展翅（图 9）。

10. 最后在孔雀前面放一些法香作点缀即可（图 10）。

金鱼戏水

原料：圣女果、相思豆、黄瓜皮、葱。

制作详解：

1. 将圣女果于1/3处切开，然后将小
的那部分圣女果切分成3等份（图1）。

2. 将圣女果摆入盘中呈金鱼形状，并
用相思豆作金鱼的眼睛，根据需要制
作金鱼若干（图2）。

3. 另外取一段黄瓜皮，雕刻成细长条
的水波形（图3）。

4. 将水波入盘摆设（图4）。

5. 再取一根新鲜的葱，切成作金鱼的
气泡即可（图5）。

图 1

图 2

图 3

图 4

图 5

凤舞九天

图1

图2

图3

图4

原料：西瓜、苹果。

制作详解：

1. 取一片西瓜，划出凤凰的轮廓（图1）。

2. 去除废料，刻出凤凰（图2）。

3. 另取西瓜，切成V形片，取六片与凤凰一起组合在盘内（图3）。

4. 取苹果切成薄片，摆入盘中作翅膀即可（图4）。

金鲤跃水

原料：西瓜、苦瓜、苹果、柠檬、法香。

制作详解：

1. 取一块西瓜，去除瓜瓤，只留西瓜薄皮（图1）。

2. 从西瓜皮内部开始，用雕刻刀雕刻出鲤鱼的造型（图2）。

3. 去除废料，然后用拉线刀进一步绘制鲤鱼细节（图3）。

4. 另取纵面一分为二的苦瓜，用斜刀法切出一批薄片（图4）。

5. 将苦瓜薄片入盘摆成圈（图5）。

6. 把准备好的鲤鱼和果片（苹果、柠檬）入盘组合（图6）。

7. 最后加入法香作装饰即可（图7）。

图1

图2

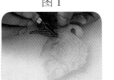
图3

图4

图5

图6

图7

虎虎生威

图 1

图 2

图 3

图 4

图 5

图 6

图 7

原料：西瓜皮、菠萝、猕猴桃片。

制作详解：

1. 将菠萝一分为二（图1）。

2. 切去头、尾后，再切除菠萝皮（图2）。

3. 接着把菠萝切成叶形菠萝片（图3）。

4. 另取一片西瓜薄皮，雕刻出老虎的轮廓（图4）。

5. 把老虎、菠萝薄片和猕猴桃片入盘摆设（图5）。

6. 另取两片西瓜薄皮，雕刻出立体的长草（图6）。

7. 最后将草入盘摆设即可（图7）。

双鱼戏水

原料：胡萝卜、白萝卜、相思豆、法香。

制作详解：

1. 用胡萝卜削出鱼的轮廓，完成两条鱼的造型（图1）。

2. 另取白萝卜雕刻出浪花（图2）。

3. 用相思豆作鱼的眼睛，把鱼固定在浪花上，并入盘摆设（图3）。

4. 用白萝卜制作假石，加入法香作点缀即可（图4）。

图1

图2

图3

图4

虾趣

图1

图2

原料：胡萝卜、巧克力果酱、法香、青莲叶。

制作详解：

1. 在盘内一侧用巧克力果酱绘制一只虾（图1）。

2. 切制数片胡萝卜薄片，叠放在盘内一角，然后插入一片青莲叶，加入法香作装饰即可（图2）。

丛林戏鸟

原料：面团、情人草、康乃馨、石竹、兰花、果酱、芭蕉叶、相思豆。

制作详解：

1. 用果酱在盘中绘出该作品的基本图案（图 1）。

2. 用面团作基底，固定芭蕉叶，插入情人草（图 2）。

3. 插入康乃馨作装饰。

4. 在另一侧插入石竹作衬托（图 4）。

5. 最后用兰花和相思豆做成的小鸟作装饰即可（图 5）。

图 1

图 2

图 3

图 4

图 5

海星

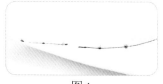

图 1

图 2

图 3

图 4

图 5

原料：面团、杨桃、兰花、情人草、樱桃、巧克力果酱。

制作详解：

1. 用巧克力果酱在盘内绘制该作品的基本图案（图1）。

2. 将一块杨桃雕刻成镂空的五角星，然后用面团固定在盘中央（图2）。

3. 摆入两颗樱桃作装饰（图3）。

4. 再加入一朵兰花（图4）。

5. 最后加入情人草作点缀即可（图5）。

振翅欲飞

原料：胡萝卜、相思豆、法香。

制作详解：

1. 取一段胡萝卜，去皮，并将一端削出一个斜面（图1）。

2. 用雕刻刀从斜面开始雕刻出鸟嘴的雏形（图2）。

3. 用相思豆作鸟的眼睛，雕刻鸟下连体的假山（图3）。

4. 另取一段胡萝卜，划出鸟翅膀的基本轮廓，然后把翅膀取下来，修饰完整细节（图4）。

5. 把翅膀固定在鸟体上，并入盘摆设（图5）。

6. 再用胡萝卜雕刻出数块石头，入盘装饰（图6）。

7. 最后加入法香作点缀即可（图7）。

图1

图2

图3

图4

图5

图6

图7

年年有鱼

图1

图2

图3

图4

图5

图6

图7

原料：心里美萝卜、胡萝卜、西瓜皮、白萝卜、法香、相思豆。

制作详解：

1. 取一段胡萝卜，雕刻出金鱼的基本形状（图1）。

2. 用相思豆作金鱼的眼睛，然后从嘴部开始雕刻金鱼的细节，直至完成（图2）。

3. 将心里美萝卜雕刻成一朵立体的莲花（图3）。

4. 再用白萝卜雕刻出假山（图4）。

5. 用西瓜皮雕刻出水草，并与法香一起放入盘中（图5）。

6. 把假山和金鱼放入盘中（图6）。

7. 最后放入莲花作装饰即可（图7）。

蝶舞翩翩

原料：巧克力果酱、彩色果酱、康乃馨、松针。

制作详解：

1. 先用巧克力果酱在盘内一侧绘制蝴蝶的轮廓（图1）。

2. 再用彩色果酱填充蝴蝶的纹理（图2）。

3. 然后用彩色果酱点缀周围的细节（图3）。

4. 最后加入松针和康乃馨花瓣作装饰即可（图4）。

图1

图2

图3

图4

天鹅

图1

图2

图3

图4

图5

图6

原料：白色软糖、叶模、巧克力果酱、番茄酱、绿色芥末。

制作详解：

1. 将白色软糖烤软，做出天鹅的身体（图1）。

2. 用叶模做出天鹅的翅膀（图2）。

3. 用软糖做出帽子（图3）。

4. 在盘子里粘上一块软糖，放上天鹅身体，然后贴上翅膀（图4）。

5. 在天鹅嘴部贴上捏扁的软糖，戴上涂过巧克力酱的帽子，再用番茄酱画上红色的眼睛（图5）。

6. 取软糖做成草丛状，抹上绿色芥末，粘在天鹅旁边，再点上巧克力果酱即可（图6）。

蜻蜓

原料：白色、绿色软糖，巧克力果酱。

制作详解：

1. 将烤软的白色软糖捏成叶状，数片粘一起，然后在中间放一块圆形白色软糖做成荷花（图1）。

2. 将一小块白色软糖烤软，拉成圆柱形，用剪刀轻轻压出纹路，做成蜻蜓的身体形状，再将一块烤软的白色软糖，捏成蜻蜓的翅膀，粘在蜻蜓的身体上（图2）。

3. 将用食用色素上色后的荷花粘在由绿色软糖做成的叶柄上，然后粘在盘上（图3）。

4. 将绿色软糖用叶模做成荷叶和叶柄，粘在荷花旁边（图4）。

5. 用白色软糖捏成花蕾形状，喷上红色，和绿色叶柄粘在一起，粘在盘上（图5）。

6. 将喷上红色的蜻蜓粘在荷叶上，用巧克力果酱为蜻蜓点上眼睛，再在盘子边点上几点即可（图6）。

图1

图2

图3

图4

图5

图6

其他

丰收之乐

图1

图2

图3

图4

图5

图6

原料：哈密瓜。

制作详解：

1. 取一块哈密瓜，分成两段（图1）。

2. 沿皮切至哈密瓜长度的4/5，使皮与肉分开（图2）。

3. 接着在皮上切出一个三角形，使皮与肉分开一些，入盘摆设（图3）。

4. 另取一块哈密瓜，去皮后切出一批薄片（图4）。

5. 接着把薄片水平推开呈阶梯状，并入盘摆设（图5）。

6. 再切出一批瓜片入盘摆设成花样造型即可（图6）。

红宝石

原料：黄瓜、心里美萝卜。

制作详解：

1. 用黄瓜薄皮切成菱形（图1）。

2. 然后用刀沿着其中三条边切出一批连体的碎丝（图2）。

3. 轻拍碎丝，使其散开成形，然后入盘均匀地摆放在四周（图3）。

4. 用挖球器在心里美萝卜中挖出半球形的饰品（图4）。

5. 然后将其点缀在黄瓜薄片丝上即可（图6）。

图1

图2

图3

图4

图5

环环相扣

图1

图2

图3

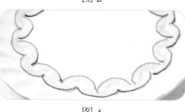

图4

图5

原料：黄瓜、樱桃。

制作详解：

1. 取一段黄瓜，纵面切开，一分为二（图1）。

2. 用斜刀法取出内侧的黄瓜瓤部分（图2）。

3. 然后再用直刀法切出一批薄片（图3）。

4. 将这些薄片入盘沿着边缘，一正一反交叉摆成一个圆形（图4）。

5. 最后用樱桃点缀即可（图5）。

情谊满满

原料：黄瓜、樱桃。

制作详解：

1. 用一根黄瓜切取一层薄皮（图1）。

2. 然后将其修整为完整的长方形（图2）。

3. 在长方形的黄瓜皮的一边切出细细的丝状，然后轻拍使之散开（图3）。

4. 将两条开边黄瓜皮在盘中围成一个心形（图4）。

5. 取一些樱桃，一分为二，然后叠放在心形上即可（图5）。

图1

图2

图3

图4

图5

 掌上明珠

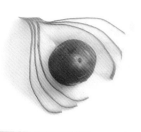

图1

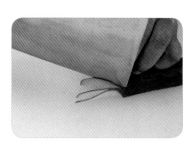

图2

图3

图4

原料：黄瓜、樱桃。

制作详解：

1. 取一段黄瓜，纵面切开，一分为二（图1）。

2. 用刀切出一批连体薄片（图2）。

3. 然后以六片为一组，对半翻开，形如贝壳，摆在盘内四个角上（图3）。

4. 将樱桃一分为二，摆放在黄瓜片上即可（图4）。

悠悠我心

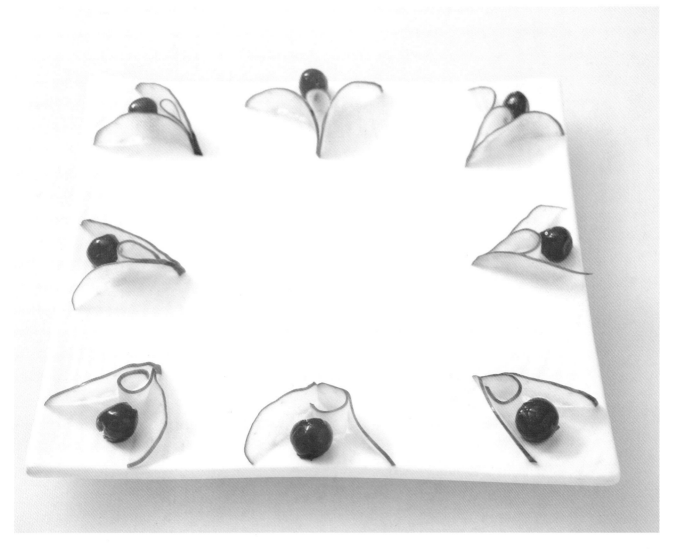

原料：黄瓜、樱桃。

制作详解：

1. 将黄瓜纵面切开，一分为二（图1）。

2. 用斜刀法切三刀，切出一组三连片（图2）。

3. 如此制作出数组备用（图3）。

4. 将三连片中的中间那片卷起来，并沿着盘子边缘摆放（图4）。

5. 最后把樱桃摆放在每片叶片中间即可（图5）。

图1

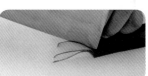

图2

图3

图4

图5

光芒万丈

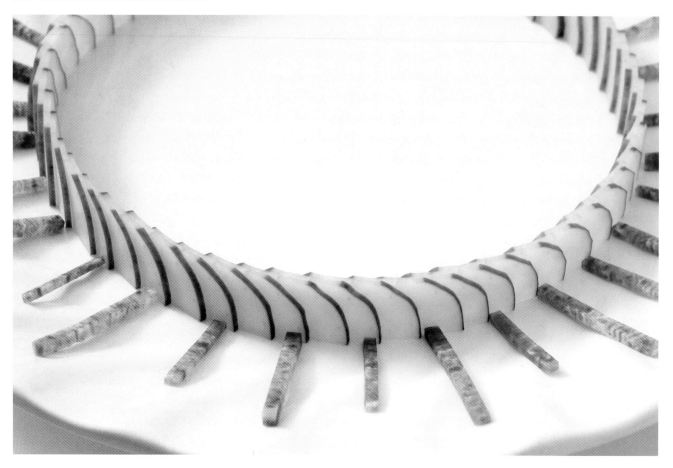

原料：黄瓜、心里美萝卜。

制作详解：

1. 取一根黄瓜，纵面切开，一分为二（图1）。

2. 取其中一根，切除中间部分的外皮。

3. 用直刀法切出一批薄片，并水平推开呈阶梯状（图3）。

4. 接着把薄片沿着盘边摆设成一个圆圈（图4）。

5. 取一片心里美萝卜薄片，切出两组长短不一的细条（图5）。

6. 将两组细条沿着圆圈摆设即可（图6）。

图1

图2

图3

图4

图5

图6

喜庆宫灯

原料：黄瓜皮、南瓜。

制作详解：

1. 取一南瓜，切出两片长方形的薄片，然后将其一端用碎刀法切出一批碎丝，用作流苏（图1）。

2. 另取黄瓜纵面切开，一分为二，取其中一根切除中间部分的外皮，用直刀法切出一批稍厚的片（图2）。

3. 再把这些黄瓜片在盘中摆成一个椭圆，作灯球部分（图3）。

4. 另取一方形南瓜，将其雕刻成半圆形后，用戳刀沿着斜面戳出沟槽（图4）。

5. 再用直刀法切出一批薄片，入盘摆设（图5）。

6. 另取一块黄瓜薄皮，雕刻出曲线形长须及挂绳，最后入盘摆设即可（图6）。

图1

图2

图3

图4

图5

图6

平平安安

图 1

图 3

图 2

图 4

图 5

原料：黄瓜。

制作详解：

1. 将一根黄瓜纵面切开，一分为二（图1）。

2. 将其中间部分的外皮切除，然后切成薄片（图2）。

3. 把切好的薄片立放于盘中，摆成一个苹果形（图3）。

4. 另取一根黄瓜雕刻成苹果蒂（图4）。

5. 最后用黄瓜皮雕刻出两片叶子，入盘装饰即可（图5）。

蒸蒸日上

原料：黄瓜、南瓜。

制作详解：

1. 取一根黄瓜，纵面对切，一分为二（图1）。

2. 切去中间部分的外皮之后，用直刀法切出一批薄片（图2）。

3. 将切好的薄片水平推开，在盘中摆放成一个圆圈（图3）。

4. 另切取黄瓜皮，用雕刻刀制作出较大片的叶子形状（图4）。

5. 然后在叶形黄瓜皮上用雕刻刀刻出叶脉（图5）。

6. 取一块无皮的方形南瓜，用直刀法切出一批叶形薄片（图6）。

7. 另取一些长方形的黄瓜薄片，雕刻成一端尖的叶瓣形（图7）。

8. 把南瓜叶片摆放在黄瓜圈外围（图8）。

9. 再把黄瓜叶片摆放在南瓜叶片的上层，注意交替摆放（图9）。

10. 最后把较大片的黄瓜叶子入盘摆设即可（图10）。

图1

图2

图3

图4

图5

图6

图7

图8

图9

图10

双喜临门

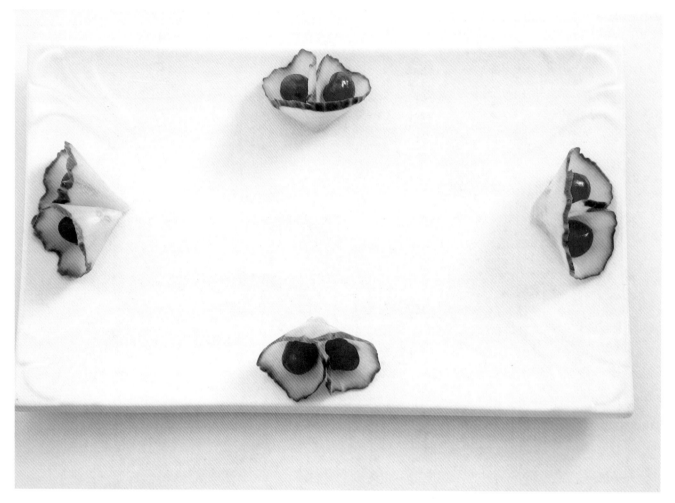

原料：黄瓜、樱桃。

制作详解：

1. 将黄瓜的一端用刀削成铅笔一样的头，然后入刀沿着黄瓜头旋转360°，旋转两圈（图1）。

2. 制作出一组如图2所示的薄片。

3. 将薄片入盘分别摆设在四个边上（图3）。

4. 最后放入樱桃作装饰即可（图4）。

图 1

图 2

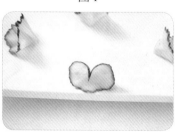

图 3

图 4

PART 4
盘饰造型与欣赏

奔

火焰

财源滚滚

闲云野鹤

同舟共济

静思

追寻

妙音

花魂

曲径通幽

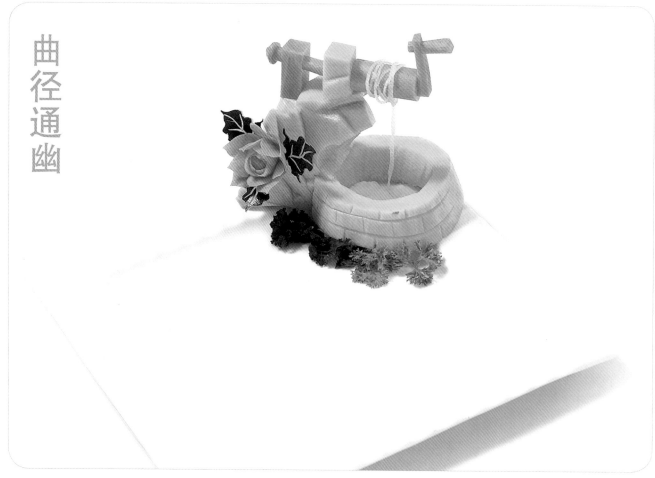

孔雀开屏

空谷幽兰

鸟语花香

鲤鱼弄潮

喜鹊报春

骏马飞驰

玉兔奔月

妙笔生花